MANFRED AU

meine
Bartagame

INHALT

1 Das ist typisch Bartagame

2 Das Bartagamen-Terrarium

Kauf und Eingewöhnung

Ausgewogen und gesund ernähren

5 Richtig pflegen und fit halten

6 Erfolgreich züchten

Die beliebtesten Farbbartagamen

Vor Krankheiten sicher schützen

Anhang

*Mit Poster: So geht's
mir rundum gut!*

Das ist typisch Bartagame

Bartagamen sehen gefährlich und Furcht einflößend aus. Und doch zählen die stachelbewehrten Australier zu den beliebtesten Terrarientieren. Mit Recht: Sie sind pflegeleicht und zutraulich.

Besondere Kennzeichen: pflegeleicht und gutmütig

Ihr bizarres Äußeres, das zutrauliche Wesen und die relativ einfache Pflege haben Bartagamen selbst bei Menschen beliebt gemacht, die zuvor keine Beziehung zur Terraristik hatten. Aber auch Agamen stellen Ansprüche an Unterbringung und Versorgung.

NUR IN AUSTRALIEN sind Bartagamen zu Hause. Alle Arten der Gattung *Pogona* leben ausschließlich (endemisch) in den Trockengebieten des 5. Kontinents. Körperbau, Physiologie und Verhalten der robusten Reptilien sind perfekt an diese unwirtliche Umgebung angepasst. Wie die Verbreitungskarte (→ Seite 10) zeigt, sind Bartagamen dabei außerordentlich erfolgreich und gehören in Australien vielerorts zu den häufigsten Reptilien. Anpassungsfähigkeit, anspruchsloses Wesen und Zutraulichkeit machen sie auch fur einen Terraristik-Neuling zu idealen Terrarientieren.

Perfekt angepasst

Dicke Haut Um unter den extremen Bedingungen der Steppen und Wüsten überhaupt überleben zu können, haben Bartagamen einige spezielle körperliche Eigenschaften entwickelt: Dazu gehört eine dicke Haut, die vor starker Sonneneinstrahlung schützt und gleichzeitig das Austrocknen verhindert. Stacheln am ganzen Körper schützen vor Feinden, das riesige Maul bewältigt selbst große Beute, und dank der kräftigen Gliedmaßen mit ihren starken Krallen können Bartagamen gleichermaßen gut laufen, klettern und graben. Die Tiere ertragen sehr hohe Außentemperaturen und kommen mit einem Minimum an Wasser und Nahrung aus.

Allesfresser Nahrung ist in der Wüste knapp. Bartagamen dürfen nicht wählerisch sein. Sie nutzen jede Futterquelle, vor allem Insekten, Kleinnager, andere Reptilien und auch Artgenossen. Beutetiere, die halb so groß sind wie sie selbst, bereiten keine Probleme. Pflanzliche Kost jedweder Art wird ebenfalls akzeptiert. Bartagamen sind Einzelgänger, die ihr Revier auch gegen Artgenossssen verteidigen. Das ist eine weitere Anpassung an das spärliche Nahrungsangebot.

Der natürliche Lebensraum der Bartagamen ist sehr karg und durch extreme Klimaverhältnisse gekennzeichnet. Die Echsen sind an diese besonderen Bedingungen perfekt angepasst. ▶

Zur Gattung *Pogona* gehören acht Arten

Erst 1982 stellte der australische Wissenschaftler Glen M. Storr die Bartagamen in eine eigene Gattung *Pogona*. Pogona leitet sich von »pogon«, griechisch für Bart, ab und bezieht sich auf die stachelbewehrte Kehle der Tiere. In der älteren

Die Bartagamen stehen erst am Beginn ihrer Karriere als umgängliche Heimtiere.

Literatur trifft man auf die Bezeichnung *Amphibolurus*. In dieser Sammelgattung waren früher viele australische Agamen untergebracht.
Zur Gattung *Pogona* (Bartagamen) gehören acht Arten: *Pogona henrylawsoni*, *P. barbata*, *P. microlepidota*, *P. mitchelli*, *P. nullarbor*, *P. vitticeps*, *P. minor* und *P. minima*. Einige Experten sehen *P. minor*

Bei Gefahr machen sich Bartagamen ganz flach und spreizen ihren Bart drohend ab (Foto: P. vitticeps).

▼

und *P. minima* nicht als eigenständige Arten, sondern als Unterarten *P. minor minor* und *P. minor minima*. Tatsächlich sind die Unterschiede zwischen den beiden Arten *Pogona minor* und *Pogona minima* außerordentlich gering. Hauptargument für die Einstufung als selbstständige Art ist die sehr eingeschränkte Verbreitung von *P. minima:* Die Tiere leben ausschließlich auf dem Inselkomplex der Houtman Abrolhos vor der Westküste Australiens (→ Verbreitungskarte, Seite 10). Der Artname von *P. henrylawasoni* (Lawsons Bartagame) wurde zu Ehren des australischen Autors und Poeten Henry Lawson gewählt, der wissenschaftliche Artname von *P. vitticeps* setzt sich aus »vittatus« (lateinisch für gestreift) und »cephalos« (griechisch für Schädel) zusammen. Bei *Pogona barbata* schließlich kommt der Bart gleich zweimal vor, sowohl im Art- wie im Gattungsnamen.

Der Stammbaum von *Pogona vitticeps*

▸ Klasse: Reptilia (Reptilien)
▸ Ordnung: Squamata (Schuppenkriechtiere)
▸ Unterordnung: Lacertilia (Echsen)
▸ Zwischenordnung: Iguania (Leguanartige)
▸ Familie: Agamidae (Agamen)
▸ Unterfamilie: Agaminae
▸ Gattung: *Pogona* (Bartagamen)
▸ Art: *Pogona vitticeps* (Gewöhnliche Bartagame)

Verwandte der in Europa, Afrika, Asien und Australien lebenden Agamen sind die Chamäleons aus Asien, Afrika und Europa sowie die Leguane aus Amerika. Agamen und Leguane sind sich sehr ähnlich und oft kaum zu unterscheiden.

Ein bisschen Systematik

Als Teilgebiet der Biologie beschäftigt sich die Systematik mit der Bestimmung und Benennung der Tiere und Pflanzen. Die Grundlagen der Systematik gehen auf Carl von Linné zurück, der in den beiden Büchern »Species Plantarum« (1753) und »Systema Naturae« (1758) die binominale (zweiteilige) Nomenklatur einführte. Die wissenschaftliche Bezeichnung einer Art besteht danach aus dem Gattungsnamen, der mit einem Großbuchstaben beginnt, und dem klein geschriebenen Artnamen, beide in lateinischer oder griechischer Sprache. Im Gegensatz zu allen anderen Ordnungsbegriffen der Systematik werden nur die Gattungs- und Artnamen kursiv dargestellt. Dem Artnamen nachgestellt ist oft der Name des Erstbeschreibers, meist in Großbuchstaben, sowie das Jahr der Erstbeschreibung. Für die Gewöhnliche Bartagame lautet das korrekt: *Pogona vitticeps* AHL 1926. Gehören zur Art mehrere Unterarten, werden sie durch einen weiteren Namen kenntlich gemacht: *Pogona minor minor* STERNFELD 1919. Der wissenschaftliche Name ermöglicht unabhängig von der Landessprache die eindeutige Benennung eines Lebewesens überall auf der Erde. Die biologische Systematik basiert auf den verwandtschaftlichen Beziehungen der Arten. Kriterien der Zuordnung in der Systematik sind unter anderem das Vorhandensein oder Fehlen besonderer anatomischer Merkmale. Verwandte Arten zeichnen sich durch viele Übereinstimmungen aus und gehören zur selben Gattung. Die Gattung ist die nächst übergeordnete Kategorie der Art. Verwandte Gattungen gehören wiederum zur selben Familie. So entsteht ein Stammbaum, der sich von oben nach unten zunehmend verästelt. Das System ist nicht unveränderlich: Kommen neue Analysen zu abweichenden Ergebnissen, kann zum Beispiel eine Art einer anderen Gattung zugeordnet werden.

In der Nähe des Menschen

▶ 1 **Volle Deckung** Zaunpfähle werden häufig als Aussichtspunkte benutzt. Bei Gefahr flüchtet die Bartagame auf die Rückseite, um den Blicken des Feindes zu entgehen.

▶ 2 **Riskantes Sonnenbad** Der Straßenasphalt speichert Wärme und wird von den Echsen mit Vorliebe als Sonnenplatz benutzt. Jährlich werden so unzählige Bartagamen Opfer des Straßenverkehrs auf dem 5. Kontinent.

Verbreitung und Beschreibung der Arten

Bartagamen sind nahezu über den gesamten australischen Kontinent verbreitet. Sie fehlen nur im feucht-tropischen Norden, im Südwesten und Südosten und auf Tasmanien. Ist der Fundort bekannt, kann oft schon mit seiner Hilfe eine sichere Artbestimmung erfolgen.

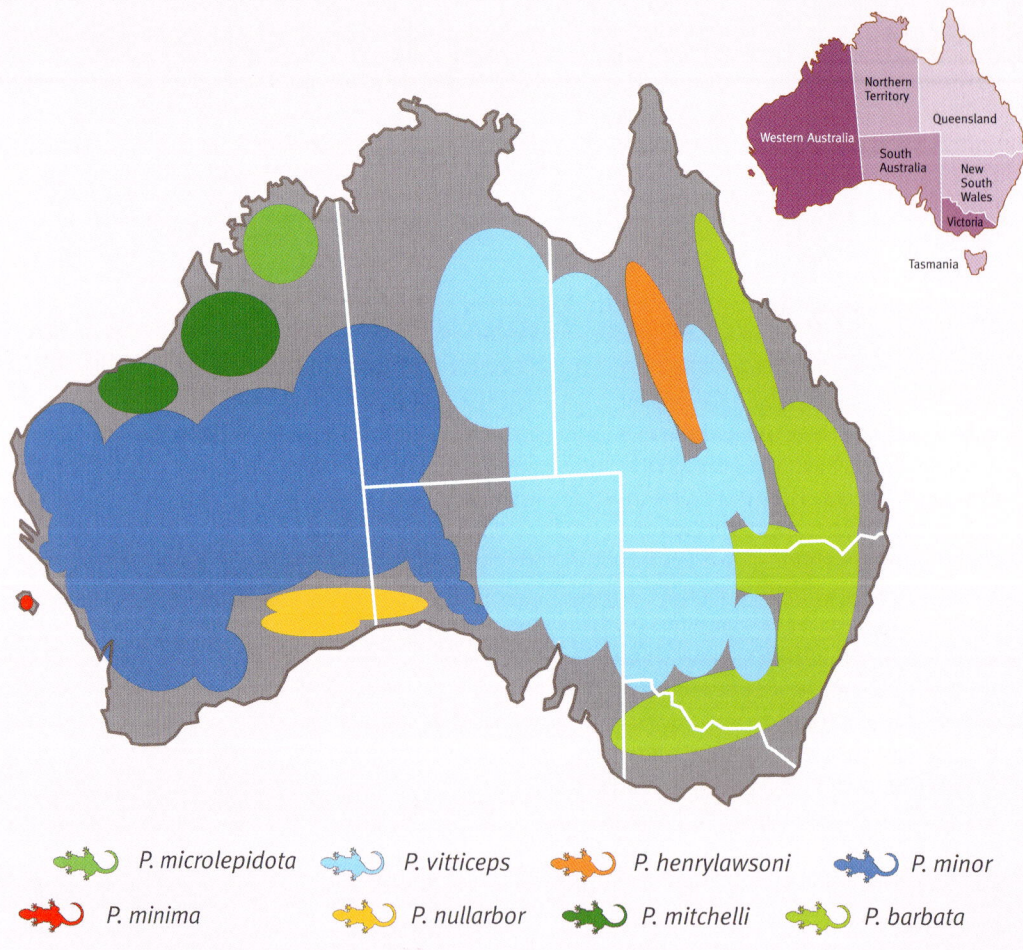

P. microlepidota	P. vitticeps	P. henrylawsoni	P. minor
P. minima	P. nullarbor	P. mitchelli	P. barbata

Zur Gattung *Pogona* gehören acht Arten: *Pogona barbata, P. henrylawsoni, P. microlepidota, P. minor, P. minima, P. mitchelli, P. nullarbor* und *P. vitticeps.*

Acht Überlebenskünstler

Bartagamen sind außerordentlich anpassungsfähig und anspruchslos. Man findet die Echsen in den lichten Trockenwäldern, in Steppenregionen und selbst in den extrem trockenen und lebensfeindlichen Wüsten des 5. Kontinents.

BARTAGAMEN kommen nur in Australien vor, wo sie fast den gesamten Kontinent besiedeln. Sie fehlen lediglich im äußersten Südosten und Südwesten, im tropischen Norden sowie auf der Insel Tasmanien.

Verbreitungsgebiete und Lebensräume

Einige Arten haben riesige Verbreitungsgebiete, die über mehrere Klimazonen hinwegreichen. *Pogona barbata* lebt zum Beispiel entlang der Ostküste vom nördlichen Queensland bis nach Victoria und South Australia. Im Norden ihres Lebensraums ist es fast gleichbleibend tropisch-heiß mit häufigen und starken Regenfällen, während für das Klima im trockenen Süden große jahreszeitliche Schwankungen typisch sind, wobei es in den kalten Wintern in höheren Lagen sogar schneien kann. *Pogona barbata* bevorzugt Lebensbereiche mit lichtem Baumbestand. Da die Echsen sehr gut klettern können, nutzen sie die Stämme gern als Aussichtspunkte. Abhängig von der geografischen Verbreitung halten die Tiere eine unterschiedlich lange Winterruhe, oft in selbst gegrabenen Höhlen. Andere Arten, wie *Pogona henrylawsoni,* sind auf kleinere Verbreitungsgebiete beschränkt, wo die Lebensbedingungen

überall gleich sind. Bäume gibt es hier nur wenige. *Pogona henrylawsoni* ist ein schlechter Kletterer, der überwiegend am Boden lebt und trockene Bodenfurchen als Verstecke nutzt. Die Art ist nicht sehr häufig. Die beiden großen Arten *Pogona barbata* und *Pogona vitticeps* sind zu Kulturfolgern geworden, die man an vielen Orten antrifft. Man findet sie selbst in Vorstädten, wo sie Zäune und Pfähle als Aussichtspunkte nutzen. Leider sieht man immer wieder überfahrene Tiere auf den Straßen. Die Agamen wärmen sich auf dem heißen Asphalt auf. Droht Gefahr, verlassen sie sich in der Regel auf ihre Tarnung und fliehen nicht oder nur wenige Meter. Meist jedoch nicht weit genug, um sich vor den Autos in Sicherheit zu bringen.

> **TIPP**
>
> ### Jede Art getrennt halten
>
> Der Handel bietet die Arten *Pogona vitticeps* und *P. henrylawsoni* an, *P. mitchelli* bekommt man auch von privat nur selten. Die Arten müssen getrennt gehalten werden, damit sich die Tiere nicht untereinander kreuzen. Da für alle Tiere aus Australien ein Exportverbot besteht, sind »saubere« Zuchtlinien sehr wichtig.

Gewöhnliche Bartagame
Pogona vitticeps

Lebensraum: trockene und heiße Lebens-räume: lichte Wälder, Savannen, Wüsten. Klettert gut und nutzt erhöhte Warten als Aussichtspunkte. *Pogona vitticeps* ist die häufigste Bartagame Australiens. **Größe:** Gesamtlänge 55–58 cm, in Ausnahmefällen deutlich größer. Nördliche Populationen durchschnittlich größer als die südlichen. Im Big Desert, der Wüste im Bundesstaat Victoria, wird die Art oft nur 17 cm groß. **Körperbau:** Nach *P. barbata* zweitlängste Art der Gattung, dabei aber viel breiter und kompakter gebaut. Massiger und breiter Körper, dreieckiger Kopf. Große und spitze Stachelschuppen an Kopf, Kehle, Schultern, Schwanzansatz und Flanken. Bart gut aus-gebildet. **Färbung:** Graue und braune Töne herrschen vor, daneben gibt es rötliche und gelbliche Populationen. Ozellenmuster auf der Körperoberseite, Bänderung bis zur

Schwanzspitze. Die Jungtiere sind sehr kontrastreich gefärbt, die Zeichnung verliert sich mit zunehmendem Alter, und die Tiere werden einfarbiger. Die helle, fast weiße Bauchpartie zeigt ebenfalls ein Ozellenmuster. **Terrarien-haltung:** einzeln oder Haremsgruppe. *P. vitticeps* braucht sehr viel Lauf- und Kletterfläche. Die Tiere graben gern, daher ist viel Bodengrund nötig. Mehr-monatige Ruhephase im Winter. Das Trockenterrarium muss hell beleuchtet und mit Steinen und Holz eingerichtet sein. UV-Licht ist wichtig. Eignet sich zur Sommerhaltung in einem Freiland-terrarium. **Terrariengröße:** mindestens 160 x 80 x 80 cm für eine kleine Gruppe **Ernährung:** in freier Natur Insekten, kleinere Wirbeltiere und Grünfutter. Im Terrarium Insekten und pflanzliche Kost. Eine große Trinkschale darf nicht fehlen. **Besonderheiten:** einfach in der Pflege. Die Art lebt seit Jahrzehnten in unseren Terrarien. *P. vitticeps* ist die häufigste bei uns gehaltene Bartagame und zählt zu den beliebtesten Reptilien. Die Tiere werden regelmäßig und preis-wert im Zoofachhandel angeboten. Da sie schnell wachsen, muss auf qualita-tiv hochwertiges Futter mit Vitaminen und Mineralstoffen geachtet werden. *Pogona vitticeps* wird zutraulich und akzeptiert den Halter schon bald als Futterquelle. **Zucht:** In den letzten Jah-ren wurden von *P. vitticeps* viele, oft spektakuläre Farbvarianten gezüchtet. **Verbreitung:** *Pogona vitticeps* kommt ausschließlich im Landesinne-ren Australiens vor, von New South Wales und Queensland bis nach South Australia und ins nördlichste Victoria.

Östliche Bartagame
Pogona barbata

Lebensraum: halbtrockene Steppen und lichte Wälder **Größe:** 58–60 cm, selten bis 75 cm. Längste Bartagame. **Körperbau:** lang, schlank, Kopf spitz und dreieckig. Lange Stachelschuppen an Kopf, Kehle, Schultern, Schwanzansatz und Flanken. Größter Bart der Gattung. **Färbung:** grau und braun, im Süden farbiger, bei Erregung silbergrau und gelb. **Terrarienhaltung:** einzeln, nur zur Paarung gemeinsam; sonst wie *P. vitticeps*. **Terrariengröße:** mind. 160 x 80 x 80 cm **Besonderheiten:** wird heute wahrscheinlich nicht mehr gehalten; scheu, untereinander oft aggressiv. Schwieriger als *P. vitticeps*. **Verbreitung:** Ostküste, von Queensland, New South Wales bis South Australia. Kommt bis zu 150 km im Hinterland vor.

Kimberley Bartagame
Pogona microlepidota

Lebensraum: lichte Trockenwälder und Graslandschaften mit extremen Klimaschwankungen: trockene, bis 50 °C heiße Sommer, im Winter heftige Regenfälle, die oft auch für Jahre ausbleiben. **Größe:** 39–41 cm, **Körperbau:** mittelgroß, relativ schmal und langbeinig. Kleiner und rundlicher Kopf, Stachelschuppen an Kopf, Nacken und an den Seiten. Der nur schwach entwickelte Bart kann nicht abgestellt werden. **Färbung:** graubraun; in der Paarungszeit färbt sich der Kopf der Männchen oft rötlich. **Terrarienhaltung:** *P. microlepidota* wurde bisher noch nicht in Terrarien gehalten. **Verbreitung:** nur in einem relativ kleinen Gebiet in den Kimberleys im Norden von Western Australia. Bisher wurden erst wenige Tiere gefunden.

Mitchells Bartagame
Pogona mitchelli

Lebensraum: Halbwüsten, tropische Trockenwälder und Felslandschaften **Größe:** 37–40 cm, **Körperbau:** dreieckiger und spitzer Kopf mit kurzer Schnauze. Kräftige Stacheln an Kopf, Schultern und Flanken. Schwach entwickelter Bart, der abgestellt werden kann. Langer Schwanz, dünne und kurze Beine. **Färbung:** braun bis grau und gelb, fast ohne Zeichnung; **Terrarienhaltung:** Da untereinander häufig aggressiv, entweder Einzelhaltung oder als Harem in großem Terrarium. **Zucht:** Einzelaufzucht; hohe Jungtiersterblichkeit. **Besonderheiten:** Ruhephase im Sommer. Wird gelegentlich auf Börsen und im Zoofachhandel angeboten. **Verbreitung:** Nördliches Western Australia sowie Mitte und Westen des Northern Territory.

Westliche Bartagame
Pogona minor

Lebensraum: Steppen und Trockenwälder, auch Dünen an den Küsten **Größe:** 40 cm, **Körperbau:** schlank und mittelgroß. Auf dem Kopf, im Nacken, auf den Schultern und an den Körperseiten befinden sich nur wenige Stachelschuppen. Langer Schwanz. **Färbung:** graubraun mit Flecken an der Wirbelsäule. Verfärbt sich bei Vorzugstemperatur häufig gelblich. **Terrarienhaltung:** paarweise oder im Harem. *Pogona minor* wird nicht mehr gehalten. **Besonderheiten:** legt Winterruhe ein; sitzt bevorzugt auf Ästen. Die systematische Stellung ist immer noch umstritten (→ Houtman Abrolhos Bartagame). **Verbreitung:** Western Australia, westliches South Australia und Südwesten des Northern Territory.

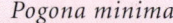

Houtman Abrolhos Bartagame
Pogona minima

Lebensraum: mildwarmes Inselklima, spärtliche Vegetation **Größe:** 36 cm, **Körperbau:** ähnelt *Pogona minor* (→ oben). Unterschiede: Eventuell sind die Gliedmaßen bei *P. minima* länger, und es gibt zwei Stachelschuppenreihen oberhalb des Nackens auf dem Schädel. **Besonderheiten:** Die Art wurde wahrscheinlich noch nie außerhalb Australiens in Terrarien gehalten. Der Status von *P. minor* und *P. minima* ist unter den australischen Herpetologen nach wie vor umstritten. Manche Wissenschaftler betrachten beide als eigenständige Arten, andere stufen *P. minima* als Unterart von *P. minor* ein. **Verbreitung:** nur auf der Inselgruppe Houtman Abrolhos vor der Westküste von Western Australia.

Nullarbor Bartagame
Pogona nullarbor

Lebensraum: sehr heiße und trockene Wüstenregionen **Größe:** 30–34 cm, **Körperbau:** mittelgroß und kräftig mit kurzer Schnauze und breitem Körper. Kopf nur mäßig mit Stacheln besetzt, an den Flanken vier starke Stachelschuppenreihen. Der Bart kann abgespreizt werden. **Färbung:** grauer bis rotbrauner Rücken, über dem sechs bis sieben cremefarbene Querbänder verlaufen. **Terrarienhaltung:** bisher nur selten im Terrarium gehalten. Ein Exemplar erreichte in Menschenhand ein Alter von elf Jahren und war sehr zutraulich. **Verbreitung:** im Südosten Western Australias und in der Nullarbor Ebene, einer halbwüstenartigen und fast baumlosen Steppe im Südwesten von South Australia.

Lawsons Bartagame
Pogona henrylawsoni

Lebensraum: fast baumlose Steppe. Die Tiere verstecken sich in Bodenspalten, die in der Trockenzeit entstehen. Niederschläge gibt es hier nur in den Sommermonaten. Der Lebensraum von *P. henrylawsoni* wird zunehmend kleiner, da er intensiv landwirtschaftlich genutzt wird. **Größe:** 30 cm. Die Weibchen sind häufig kräftiger gebaut und größer als die Männchen. **Körperbau:** *P. henrylawsoni* ist der kleinste Vertreter der Gattung. Kräftiger Körper, der rundlicher ist als der aller anderen Bartagamen-Arten. Auch der Kopf wirkt rund. Die Beine und der Schwanz sind kurz und kräftig. Die Bestachelung ist schwach, es gibt nur wenige kleine Stachelschuppen am Kopf und je eine Stachelreihe an den Körperseiten. Der Kehlbart kann nicht abgestellt werden. **Färbung:** variabel, von Hellgrau und Grünbraun bis zum bräunlichen Orange. Die Bauchseite zeigt ein geflecktes Beige. Rechts und links der Wirbelsäule je eine Reihe heller Flecke, die aber auch fast völlig fehlen können. Gestreifte Kehle und leuchtend orangefarbene Mundschleimhaut. Einige Tiere zeichnen sich durch einen roten Fleck unterhalb des Ohrs und durch rote Oberarme (→ Foto) aus. Der Schwanz ist unregelmäßig gebändert. Die Jungtiere sind kontrastreicher gefärbt als erwachsene.

Terrarienhaltung: Die Art wird nach *Pogona vitticeps* am häufigsten im Terrarium gehalten. Die Tiere werden aber nicht so zutraulich wie *P. vitticeps* und vertragen sich untereinander nicht immer. Empfehlung: Einzelhaltung oder im Harem mit mehreren Weibchen. Auf keinen Fall darf man *P. henrylawsoni* mit *P. vitticeps* vergesellschaften, da die kleineren Echsen schnell zur Beute von *P. vitticeps* werden und auch unerwünschte Kreuzungen zwischen den Arten vorkommen können. **Terrariengröße:** Trotz geringer Körpergröße der Bewohner muss das Terrarium für eine Gruppe mindestens 120 x 80 x 60 cm groß und gut strukturiert sein, damit sich die Tiere aus dem Weg gehen können und nicht ständig Blickkontakt haben. *P. henrylawsoni* ist sehr agil und braucht eine große Lauffläche. Da die Tiere keine guten Kletterer sind und sich vorwiegend auf dem Boden aufhalten, reichen flache Kletterangebote aus. **Besonderheit:** Die Art wurde bei uns bereits vor ihrer Erstbeschreibung unter dem Namen *Amphibolurus rankini* gehalten. **Verbreitung:** nur sehr vereinzelte Vorkommen im Inneren des Kontinents und im Nordwesten von Queensland.

Körperbau und Aussehen

Bartagamen werden 30 bis 60 cm groß, in Ausnahmefällen bis 75 cm. *P. henry-lawsoni* ist die kleinste Art, *P. barbata* die größte. Etwa die halbe Gesamtlänge entfällt auf den runden und kräftigen, sich stark verjüngenden Schwanz, der bei Verlust nicht regeneriert werden

Bart und Stacheln sorgen für das
furchterregende Aussehen
der zutraulichen Echsen.

kann. Der massige Körper ist seitlich (dorsoventral) abgeflacht, der Kopf ist groß und dreieckig und setzt sich auf dem kurzen Hals deutlich vom Körper ab. Die ebenfalls kurzen Beine sind kräftig und besitzen starke Krallen, die sich gleichermaßen gut zum Graben, Laufen und Klettern eignen. Die leistungsfähigen Augen sitzen seitlich am Kopf. Die

---

Ist keine Flucht mehr möglich, stellen sich Bartagamen dem Feind und versuchen ihn einzuschüchtern.
▼

runden bis dreieckigen Ohröffnungen sind deutlich sichtbar. Der Körper ist mit kleinen und großen Schuppen besetzt, an seinen Flanken verlaufen mehrere Längsreihen mit langen und spitzen Stachelschuppen. Die Anordnung der großen Körper- und Stachelschuppen am Kopf und im Nacken ist arttypisch und die beste und einfachste Möglichkeit, die Bartagamen zu unterscheiden. Stachelschuppen befinden sich auch an der Schulter und seitlich am Schwanzansatz. Die Körperoberseite ist mit gekielten, rauen und spitzen Schuppen bedeckt, die nach hinten gerichtet sind. Färbung und Zeichnung der einzelnen Arten sind sehr variabel. Beige, graue und braune Farbtöne herrschen vor, gelbe, orangefarbene und rote sind eher selten. Auf den Schultern sitzt ein schwarzer Fleck. Die weiße Körperunterseite zeigt ein Ozellenmuster, die Oberseite zwei Längsreihen einer rauten- und ozellenartigen Zeichnung. Die Färbung ist vom Alter, der Stimmung und Thermoregulierung abhängig.

Unverwechselbar mit Bart

P. barbata, P. mitchelli, P. nullarbor und *P. vitticeps* können ihre Kehle mit Hilfe des Zungenbeinapparates spreizen. Die mit Stachelschuppen besetzte Kehle sieht dann wie ein Bart aus. Gleichzeitig verfärbt sich die Kehlregion tiefschwarz. Die Bartagamen wenden diesen »Trick« bei Gefahr, während der Balz und bei Kommentkämpfen (→ Seite 24) an, um größer und gefährlicher zu wirken. Der Kehlbart gab der ganzen Gattung *Pogona* den Namen. Er findet sich auch im Artnamen von *P. barbata,* im deutschen Gattungsnamen Bartagamen und im englischen Bearded Dragon wieder.

Anatomie und Verhalten

Reptilien haben sich erfolgreich den unterschiedlichsten Lebensbedingungen angepasst. Das gilt für Bartagamen ganz besonders. *Pogona vitticeps* und *Pogona barbata* sind in vielen Trockengebieten sogar die häufigsten Echsen.

DAS ÜBERLEBEN in offenen, deckungsarmen Landschaften mit spärlicher Vegetation macht besondere körperliche und Verhaltensanpassungen nötig und erfordert spezielle Sinnesleistungen.

Bartagamen orientieren sich optisch

Bartagamen nehmen ihre Umwelt vor allem optisch wahr. Geruchssinn und Gehör spielen eine untergeordnete Rolle. Alle acht Arten sind Lauerjäger, die ihre Beute von erhöhten Sitzwarten aus orten und überfallen. Dabei reagieren sie hauptsächlich auf Bewegungen. Solange ein Tier bewegungslos verharrt, findet kein Angriff statt, aber bereits bei einer kaum wahrnehmbaren Bewegung schnappt die Jägerin zu. Dank ihrer ausgezeichneten Sehfähigkeit erkennen die Echsen selbst kleinste Beutetiere oder Feinde schon auf große Distanz. Man hat häufig beobachtet, dass die Tiere auch auf sehr hoch fliegende Flugzeuge reagieren. Bartagamen können Farben unterscheiden. Im Gegensatz zu denen des Menschen besitzen ihre Augen sogar vier Arten von Rezeptoren, neben Rot, Grün und Blau auch solche, die für Violett und Ultraviolett empfänglich sind. Dadurch sind die Echsen in der Lage, ihre Umwelt noch genauer wahrzuneh-

men. Die seitlich weit vorn am Kopf sitzenden Augen überblicken einen großen Gesichtskreis. Die Nickhaut, das dritte Augenlid, ist eine für Reptilien typische Besonderheit. Als mechanischer Schutz kann die Nickhaut über das Auge geschoben werden.

Das Parietalauge

Das Parietal- oder Scheitelauge sitzt bei Bartagamen unter einer transparenten Schuppe zentral auf dem Schädeldach. Es ist nach oben gerichtet und kann Hell-Dunkel-Unterschiede wahrnehmen. Ob es auch Bewegungen erkennt, ist noch nicht geklärt. Das Parietalauge besteht aus Linse, Netzhaut und Sehnerv, lediglich die Iris fehlt.

> TIPP
>
> ### Mehr Licht für gutes Sehen
>
> Bartagamen orientieren sich vor allem optisch. Als Augentiere sind sie auf eine möglichst helle Umgebung angewiesen. Sparen Sie daher nicht an der Beleuchtung: Im Terrarium kann es gar nicht hell genug sein. Ein weißer oder gelber Bodengrund, helle Dekoration und Wände reflektieren das Licht am besten.

Hören ist nicht so wichtig

Das Gehör spielt für die Bartagamen nur eine untergeordnete Rolle. Tiefe Töne werden besser wahrgenommen als hohe. Das Trommelfell ist relativ groß und gut sichtbar.

Zähne mit Biss

Bartagamen haben große und scharfe Zähne, mit denen sie ihre Beute sicher packen und töten können. Die Nahrung muss in einem Stück verschlungen werden, zermahlen oder zerkleinern lässt sie sich mit den Zähnen nicht.

Mit der Zunge auf die Jagd

Die Zunge ist nicht nur Geschmacksorgan, sondern spielt auch beim Beutefang eine Rolle. Bartagamen nähern sich der Beute auf wenige Zentimeter, wobei die Zunge bereits aus dem Maul herausschaut. Sie schießt dann aufs Jagdobjekt zu, packt es und zieht es zum Maul, ähnlich wie es Chamäleons praktizieren.

Das Jacobsonsche Organ »schmeckt« Düfte

Mit dem Jacobsonschen Organ werden Geruchsstoffe überprüft und analysiert, die zuvor von der Zunge aufgenommen wurden. Das Organ besteht aus kleinen Einbuchtungen der Nasenscheidewand im Gaumen. Die Zunge wird gegen die Einbuchtungen gedrückt und leitet so einen Feuchtigkeitsfilm mit den Duftpartikeln weiter. Besonders gut lassen sich die Zungenbewegungen beim Züngeln einer Schlange beobachten. Die Bartagamen setzen ihre fleischige und dicke Zunge nicht so häufig ein wie Schlangen, belecken aber ab und zu einen Artgenossen oder einen neuen Einrichtungsgegenstand.

Die Haut sichert das Überleben

Die Haut spielt für die Bartagamen eine zentrale Rolle. Erst sie ermöglicht ihnen das Leben und Überleben in trockenen und wüstenartigen Gebieten.
Funktionen Die Bartagamenhaut ist sehr dick und schützt die Tiere vor der starken Sonnen- und UV-Strahlung. Darüber hinaus verhindert sie das Verdunsten von Körperflüssigkeit, in den wasserarmen Lebensräumen ein entscheidender Überlebensfaktor. Nicht zuletzt bietet der stachelbewehrte Panzer einen wirksamen Schutz vor Feinden.
Aufbau Die Haut der Echsen besteht aus drei Schichten: Oberhaut (Epidermis), Leder- (Cutis) und Unterhaut (Subcutis). Die Unterhaut stellt die Verbindung zum darunterliegenden Muskelgewebe her. In der Lederhaut liegen Sinnes- und Farbzellen. Hier verlaufen auch Nervenbahnen und Blutgefäße. Die Oberhaut selbst setzt sich wiederum aus mehreren Schichten zusammen. In der untersten werden ständig neue Zellen produziert, die dann nach oben geschoben werden.
Häutung Durch Einlagerung von Keratin wird die oberste Hautschicht sehr widerstandsfähig, verliert dadurch aber an Elastizität und kann mit dem Körper nicht mehr mitwachsen. Sie muss deshalb immer wieder durch eine größere Haut erneuert werden. Die alte Haut wird bei der Häutung in Fetzen abgestreift. Schon einige Tage vorher trübt sich die Haut sichtbar ein (→ Foto, Seite 129). Der komplexe Vorgang wird durch Hormone gesteuert. Reptilien wachsen

1 **Starke Krallen** Mit ihren außerordentlich kräftig ausgebildeten Krallen können Bartagamen gleichermaßen gut laufen, klettern und in der Erde graben. Überlange Krallen müssen gekürzt werden.

Dicke Zunge Mit ihrer fleischigen und muskulösen Zunge packt die Bartagame ihre Beutetiere und hält sie fest. Über die Zunge können die Echsen aber auch Gerüche »schmecken« und so ihre Umwelt wahrnehmen. **2**

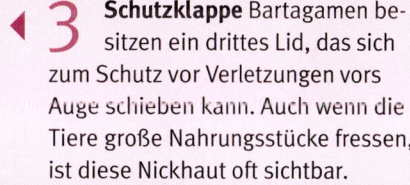

3 **Schutzklappe** Bartagamen besitzen ein drittes Lid, das sich zum Schutz vor Verletzungen vors Auge schieben kann. Auch wenn die Tiere große Nahrungsstücke fressen, ist diese Nickhaut oft sichtbar.

Augentiere Bartagamen nehmen ihre Umwelt vor allem optisch wahr. Mit den leistungsfähigen Augen erkennen die Tiere Feinde und Beute auf große Entfernung. Der Gehörsinn spielt nur eine untergeordnete Rolle. **4**

ein Leben lang, in den ersten Jahren schneller, im Alter langsamer. Sie häuten sich daher bis zu ihrem Tod. Die erste Häutung findet schon wenige Tage nach dem Schlüpfen statt.

Farbwechsel Abhängig von der Außentemperatur können Bartagamen ihre Körperfarbe verändern. Um möglichst schnell eine günstige Körpertemperatur zu erreichen, färben sie sich dunkel, bei

Stachelkleid und Tarnkappe Die Haut der Bartagamen ist mit verschieden gebauten Schuppen besetzt, die nach hinten gerichtet sind, sodass ein Streichen gegen den Strich nicht möglich ist. Am auffälligsten sind die langen Stachelschuppen am Kopf, im Nacken und an den Körperseiten. Sie sind ein guter Schutz gegen Räuber und können bei Gefahr durch Spreizen des Bartes oder Aufblähen des Körpers aufgerichtet werden. Dadurch vergrößert sich der Körperumriss zusätzlich, was die Agame

WUSSTEN SIE SCHON, DASS …

… Bartagamen sich gut in der Natur behaupten?

Wild lebende Bartagamen haben viele Feinde. Neben Schlangen, Waranen und Greifvögeln stellen ihnen Hunde, Katzen, Marder und Füchse nach. Der Straßenverkehr fordert viele Opfer, Landwirtschaft, Städte- und Straßenbau bedrohen die Lebensräume der stachelbewehrten Reptilien. Trotz aller Gefahren sind vor allem *Pogona vitticeps* und *Pogona barbata* häufig und besiedeln sogar neue Lebensbereiche bis in die Städte des 5. Kontinents.

drohender Überhitzung hell. Der Farbwechsel findet in der Lederhaut statt, wo sich die Farbzellen vergrößern oder zusammenziehen. Die Körperfarbe ist auch abhängig von der Stimmungslage: Im Kampf sind die Tiere überwiegend hell und kräftig gefärbt, unterlegene Bartagamen nehmen eine unauffällige Graufärbung an. Ob die Echsen Wasser über die Haut aufnehmen können, wird oft vermutet, ist aber bisher nicht nachgewiesen. Bekannt ist die Fähigkeit vom Dornteufel *(Moloch horridus)*, einer anderen australischen Agame.

imposanter und gefährlicher aussehen lässt. Auf der anderen Seite sorgen sie mit der an den Untergrund angepassten Färbung dafür, dass die Konturen mit der Umgebung verschmelzen, wenn sich ein Tier kleinmacht.

Arme, Beine und Schwanz

Bartagamen haben sehr kräftige Arme und Beine, die sie zu schnellen Sprints befähigen. *Pogona barbata* und *Pogona vitticeps* sind sogar in der Lage, nur auf den Hinterbeinen zu laufen. An den

Fingern und Zehen sitzen starke und ständig nachwachsende Krallen, die sich gleichermaßen gut zum Laufen, Klettern und Graben eignen.

Im Vergleich zu vielen anderen Agamen ist der Schwanz der Bartagamen relativ kurz und erreicht kaum mehr als Kopf-rumpflänge. Er ist stark bestachelt, dient als Fettspeicher und hält beim schnellen Laufen das Gleichgewicht. Wie bei allen Agamen wächst ein verlorener Schwanz nicht nach.

Die besondere Lebensweise wechselwarmer Tiere

Bartagamen sind wie alle Reptilien wechselwarm (poikilotherm). Wechsel-warme Tiere können die Temperatur ihres Körpers nicht oder nur begrenzt auf einem konstanten Wert halten. Zu dieser Gruppe gehören neben den Rep-tilien alle wirbellosen Tiere sowie die Fische und Amphibien. Ihr gegenüber stehen die gleichwarmen (homoiother-men) Säugetiere und Vögel. Sie können körpereigene Wärme produzieren und ihre Körpertemperatur konstant halten. **Sonnenanbeter** Wechselwarme Tiere müssen die Sonne aufsuchen, um ihre Körpertemperatur zu erhöhen, und in den kühleren Schatten wechseln, um drohender Überhitzung zu entgehen. Sowohl in freier Natur als auch bei der Terrarienhaltung sind sie völlig von den Klimabedingungen abhängig. Entschei-dender Nachteil der Poikilothermie ist die geringe Leistungsfähigkeit, solange ein Tier noch nicht seine optimale Kör-pertemperatur erreicht hat. In dieser Phase kann es sich kaum gegen Feinde wehren oder die Flucht ergreifen. **Teure Energieproduktion** Auf den ers-ten Blick scheinen gleichwarme Tiere

den wechselwarmen deutlich überlegen zu sein. Unabhängig von Klima und Wetterbedingungen sind sie immer gleich leistungsfähig. Sie müssen dazu jedoch einen Großteil ihrer Nahrung zur Energieerzeugung einsetzen. **Hungerkünstler** Wechselwarme Tiere führen die benötigte Energie fast aus-schließlich von außen zu. In Wüsten, Trockengebieten und anderen Lebens-räumen, in denen es wenig Nahrung gibt, sind sie klar im Vorteil und viel häufiger anzutreffen als die gleichwarme Konkurrenz. Futterknappheit verkraften wechselwarme Tiere besser, da ihr Nah-rungsgrundbedarf viel niedriger liegt. Und in extrem heißen Sommern und Wintern können Reptilien ihren Stoff-wechsel auf ein Minimum drosseln und über mehrere Wochen eine Sommer- oder Winterruhe einlegen. **Heiße Länder bevorzugt** Wechselwar-me Tiere können nur dort leben, wo ihnen die klimatischen Verhältnisse ge-nügend Energie zur Verfügung stellen.

Exponierte Steine oder Felsen sind bevorzugte Sonnen-plätze und dienen gleichzeitig als Aussichtspunkte.

Die Beschränkung auf warme Lebensräume ist ein entscheidender Nachteil für die geografische Verbreitung der Tiere. So sind Artenzahl und Häufigkeit der Reptilien in der Nähe des Äquators am größten. Nach Norden und Süden nimmt ihr Vorkommen dann stetig ab, und in den polaren Gebieten gibt es gar keine Reptilien mehr.

Bartagamen lieben die Wärme. Ihre **Vorzugstemperatur** im Terrarium liegt bei 35 °C.

Was bedeutet Vorzugstemperatur?

Wechselwarme Tiere können nicht unbegrenzt in der Sonne sitzen und sich aufwärmen. Für sie gibt es einen bestimmten Temperaturbereich, bei dem alle Lebensfunktionen optimal ablaufen. Oberhalb und unterhalb der sogenannten Vorzugstemperatur liegt der Bereich der Aktivitätstemperatur. Hier sind alle Lebensfunktionen noch intakt, aber nicht im Optimum. Wird die Vorzugstemperatur zu stark überschritten, droht der Hitzetod, liegen die Temperaturen sehr weit darunter, sind die Tiere nicht mehr leistungsfähig, können sich kaum oder überhaupt nicht mehr bewegen, werden krankheitsanfälliger und fallen Fressfeinden zum Opfer.
Wie warm muss es sein? Bei Messungen der Körpertemperatur von *Pogona vitticeps* im Terrarium ermittelte man eine Vorzugstemperatur (VT) von 35 °C. Diese Temperatur versucht die Agame einzuhalten. Die Grundtemperatur im Terrarium liegt mit 25–30 °C unter, die

der Sonnenplätze mit 45–50 °C über dem VT-Wert. Das ist wichtig, weil die Bartagame so ihre Vorzugstemperatur ähnlich wie in freier Natur durch den ständigen Wechsel zwischen verschiedenen Temperaturbereichen halten kann. Gleichzeitig hat sie die Möglichkeit, in kühlere Bereiche auszuweichen, etwa zum Schlafen. Bei einer Körpertemperatur von über 44 °C droht der Hitzetod.

Typische Verhaltensweisen

Im Vergleich zu vielen anderen Reptilien verfügen Bartagamen über eine breite Palette optischer Ausdrucksmittel. Sie verständigen sich untereinander und gegenüber Feinden mit Hilfe von Bewegungen, ihrer Körperhaltung und der Körperfarbe und -zeichnung. Einziges akustisches Signal ist ein Fauchen, wenn sich die Tiere bedroht fühlen.

Dominanz

Bartagamen sind territoriale Reptilien, die ihr Revier vehement verteidigen. Revier bedeutet Futterquelle, Sonnenplatz und Fortpflanzungsmöglichkeit. Feinde und Konkurrenten müssen rechtzeitig erkannt, abgeschreckt und vertrieben werden. Der Revierbesitzer überblickt sein Gebiet von einer erhöht liegenden Warte und signalisiert mit erhobenem Kopf und Schwanz Aufmerksamkeit und Verteidigungsbereitschaft. Dringt ein Artgenosse ein, macht er ihm durch heftiges und schnelles Kopfnicken klar, dass dieser Platz besetzt ist und auch verteidigt wird. Gleichzeitig färben sich sein Bart, die Schulterflecken und der hintere Schwanzabschnitt tiefschwarz. Durch Aufblähen mit Luft vergrößert er sein Körpervolumen. Meist reichen die Drohgebärden aus, um den Gegner zu

BARTAGAMEN AUF EINEN BLICK

ANATOMIE, HALTUNG UND ERNÄHRUNG

Name	Bartagamen (Gattung *Pogona*)
Arten	*Pogona barbata, P. henrylawsoni, P. microlepidota, P. minor, P. minima, P. mitchelli, P. nullarbor, P. vitticeps*
Körperlänge	*P. henrylawsoni* 30 cm, *P. barbata* und *P. vitticeps* bis 58 cm, selten bis 75 cm (Gesamtlänge mit Schwanz); andere Arten unter 40 cm
Gewicht	*P. barbata* und *P. vitticeps* 300–600 g, *P. henrylawsoni* 50–80 g. Weibchen von *P. henrylawsoni* sind zum Teil schwerer als die Männchen.
Farbe	vorwiegend beige, braun und grau, selten orangefarben
Beschuppung	kleine bis große und sehr lange Stachelschuppen, besonders an Kopf, Nacken, Schultern, Körperseiten und am Schwanz
Anatomische Besonderheit	*P. barbata, P. mitchelli, P. nullarbor* und *P. vitticeps* haben ein verlängertes Zungenbein und können damit ihren Kehlbart weit abstellen.
Zähne	Fangzähne zum Töten und Festhalten. Bartagamen verschlucken ihre Beute im Ganzen. Die Nahrung kann nicht zerkleinert werden.
Nahrung	Insekten, Kleinsäuger, Reptilien (auch kleine Artgenossen), Grünfutter
Haltungsbedingungen	heißes und helles Trockenterrarium. UV-Bestrahlung, Winterruhe; im Sommer Freilandhaltung; Grundtemperatur 25–30 °C, am Sonnenplatz 45–50 °C, Luftfeuchtigkeit 40–60 %, Beleuchtungszeit: 12 Stunden im Sommer, 8 im Winter, keine Beleuchtung während der Winterruhe
Geschlechtsreife	in der Regel zwischen dem 9. und 12. Lebensmonat
Sozialverhalten	in der Natur Einzelgänger, im Terrarium Einzel- oder Haremshaltung
Lebenserwartung	durchschnittlich 8, in seltenen Fällen 12 Jahre

vertreiben. Das Dominanzverhalten ist nicht auf männliche Tiere beschränkt, auch große und starke Weibchen zeigen diese Verhaltensweisen.

Kommentkampf

Treffen zwei gleich starke Gegner aufeinander, kommt es zu einer ritualisierten Auseinandersetzung, dem sogenannten Kommentkampf. Anders als bei einem Beschädigungskampf verletzen sich die Tiere dabei selten. Kehlbart, Schultern und Schwanz verfärben sich tiefschwarz. Der Bart wird bei geöffneten Kiefern weit aufgestellt, wobei die gelbe Mundschleimhaut einen starken Kontrast zum dunklen Bart bildet. Der abgeflachte Körper ist dem Gegenüber zugewandt. Zusammen mit der abgespreizten Kehle

wirken die Bartagamen jetzt viel größer. Sie umkreisen sich, den Kopf jeweils auf Höhe des gegnerischen Schwanzes. Mit dem Schwanz werden Schläge ausgeteilt, und jeder versucht, den anderen in eine bestachelte Körperstelle zu beißen. Steht der Verlierer schließlich fest, drückt er sich flach auf den Boden und sucht dann möglichst schnell das Weite. Der Sieger liegt häufig über dem Unterlegenen, beißt sich in dessen Nacken fest und wird dann nicht selten noch ein kurzes Stück mitgeschleppt, bis er endlich loslässt.

Probleme im Terrarium Auf der begrenzten Fläche des Terrariums kann das unterlegene Tier nicht weit genug oder gar nicht flüchten und provoziert so ständig neue Angriffe, bei

MEIN HEIMTIER

Stimmt die Temperatur im Terrarium?

Als wechselwarme Reptilien sind die Bartagamen abhängig von der Temperatur im Terrarium. Liegt sie nicht im optimalen Bereich, können die Tiere krank werden oder sogar sterben. Am Verhalten erkennen Sie, ob sich Ihre Tiere wohlfühlen.

Der Test beginnt:

○ Sind meine Tiere aktiv und aufmerksam oder verkriechen sie sich die meiste Zeit?
○ Ist der Körper am Tag hell gefärbt oder überwiegen dunkle Farbtöne?
○ Fressen die Bartagamen gut und wachsen sie kontinuierlich (Gewichtskontrolle)?
○ Stimmt die Verdauung und lösen sich die Tiere nach 24, spätestens aber nach 48 Stunden?
○ Sonnen sich die Terrarienbewohner dauerhaft oder nur gelegentlich?

Mein Testergebnis:

Auch bei der Haltung im Terrarium zeigen Bartagamen
ihr natürliches Verhalten (Foto: drohende P. vitticeps).

denen es schließlich auch zu ernsthaften
Verletzungen kommt. Für die Haltung
mehrerer Tiere ist eine große, gut struk-
turierte Grundfläche unverzichtbar.

Beschwichtigungsverhalten

Wenn sich dominante und schwächere
Tiere begegnen, flüchtet die unterlegene
Bartagame oder versucht, einen Angriff
durch Demuts- oder Beschwichtigungs-
gesten zu vermeiden. Typisch ist das
»Ärmchendrehen« (→ Foto, Seite 59):
Dabei beschreibt ein Arm neben dem
Körper sehr langsam einen Kreisbogen.
Das Verhalten sieht man oft, wenn mehrere Jungtiere zusammenleben, ohne
dass sich ein bestimmter Anlass dafür
erkennen lässt. Stets zeigen die gleichen
Tiere die Geste. Auf das Kopfnicken
einer dominanten Agame antwortet die
unterlegene mit zeitlupenartigen Liege-
stützbewegungen ihres Oberkörpers.

Verteidigungstechniken

Wird eine Bartagame von Feinden ange-
griffen, etwa von einer Schlange oder
einem Waran, stellt sie den schwarzen
Bart auf, öffnet fauchend das Maul und
zeigt ihre helle Mundschleimhaut. Der
Körper wird abgeflacht, um größer zu
erscheinen, der Schwanz schlägt in Richtung Feind. Oft springt die Agame den
Angreifer an, beißt zu und flüchtet danach sofort. Wird der Feind rechtzeitig
entdeckt, verstecken sich die Tiere auch
hinter einem Baum. Typisch ist bewe-
gungsloses Verharren: Die Bartagame
drückt sich an den Boden und vertraut
auf ihre gute Tarnung. Im Straßenverkehr ist das leider von Nachteil (→
»Wussten Sie schon?«, Seite 20).

Das Bartagamen-Terrarium

Erfolgreiche Bartagamen-Haltung hängt von der artgerechten Terrarieneinrichtung und vom richtigen Klima ab. Die fremde Welt der Minidrachen bringt ein exotisches Flair ins Wohnzimmer.

So fühlen sich Ihre Bartagamen wohl

Ein bisschen australisches Outback ins heimische Terrarium zu bringen, fällt heute nicht mehr schwer. Das passende Terrarium und Inventar für die Bartagamen ist schnell gefunden, und die modernen technischen Hilfsmittel erleichtern den Einstieg.

WIE ALLE REPTILIEN sind Bartagamen wechselwarme Tiere (→ Seite 21) und damit von Umgebungstemperatur und Luftfeuchtigkeit abhängig. Unter den vergleichsweise kühlen Klimaverhältnissen Mitteleuropas könnten die Agamen höchstens den Hochsommer ohne zusätzliche Heizung und Lichtquellen überleben. Im begrenzten und gut kontrollierbaren Lebensraum Terrarium lassen sich jedoch Lebensbedingungen schaffen, wie sie für die artgerechte Haltung und Pflege der Wärme liebenden australischen Echsen nötig sind.

Haltungsanforderungen

Die Reptilienhaltung ist in Deutschland an Auflagen gebunden. Sie betreffen zum Beispiel Terrariengröße und -klima sowie die Haltung in einer Gruppe. In Österreich und in der Schweiz kann es abweichende Regelungen geben. Die »Mindestanforderungen an die Haltung von Reptilien« umfassen diese Punkte:

- Lebensraum: trockenheiß
- Gehegegröße (Paarhaltung): richtet sich nach der Größe der Bartagamen im Terrarium und muss mindestens das Fünffache der Länge, Vierfache der Tiefe und Dreifache der Höhe

ihrer Kopfrumpflänge betragen. Jedes weitere Tier macht eine Vergrößerung der Grundfläche um 15 Prozent erforderlich. Die Gesamtgrundfläche kann auch auf einem anderen Verhältnis von Länge und Tiefe basieren.

- Grundtemperatur: Der Sollwert liegt zwischen 25 und 30 °C.
- Sonnenplätze zum Aufwärmen: 50 °C auf lokal begrenzter Fläche
- Gruppenstruktur: ein Männchen und mehrere Bartagamen-Weibchen
- Einrichtung des Terrariums: Höhlen, Kletterbäume und weitere Aufbauten, wie zum Beispiel Äste, Steinhaufen und Felsstrukturen

Bartagamen-Nachwuchs kann man problemlos gemeinsam aufziehen. Auf ihrem Vorzugssonnenplatz liegen hier halbwüchsige P. vitticeps friedlich neben- und übereinander.

Klettergarten

▶ **1** **Holzschaukel** An Ketten aufgehängte Korkäste sind wunderbare Aussichtspunkte und
Wärmeplätze. Die Lauffläche am Terrarienboden
wird dabei nicht eingeschränkt.

▶ **2** **Wurzellabyrinth** Wurzeln aus Holz gibt es in
den unterschiedlichsten Formen. Sie sind
dekorativ und ideal zum Klettern und Verstecken.

▶ **3** **Natur pur** Auch mit einfachen Materialien
aus der Natur kann man ein Becken für die
Jungtiere sehr abwechslungsreich gestalten.

Mindestgrößen Für die Haltung von
zwei *Pogona vitticeps* mit einer Kopf-
rumpflänge von 25 cm errechnet sich
ein Terrarium mit einer Seitenlänge von
5 x 25 cm = 125 cm, einer Tiefe von
4 x 25 cm = 100 cm und einer Höhe von
3 x 25 cm = 75 cm. Für die kleinere Art
P. henrylawsoni mit der Kopfrumpflänge
von 13 cm muss das Terrarium entsprechend 65 x 50 x 40 cm groß sein. Diese
Angaben sind absolute Mindestwerte.
Fast alle Bartagamen zeigen ihr natürliches Verhalten unter derart beengten
Verhältnissen nur unvollkommen.
Empfohlene Terrariengrößen Bei der
Haltung von zwei *P. vitticeps* sollte ein
Terrarium ab der Größe 160 x 80 x 80 cm
zur Verfügung stehen, für *P. henrylawsoni* von 120 x 80 x 60 cm. Wer den
Tieren besonders viel Platz bieten will,
darf nicht vergessen, dass sehr große
Terrarien erhebliche Mehrkosten verursachen – sowohl durch höhere Kosten
beim Kauf von Becken, Beleuchtung
und Heizung, wie auch durch den höheren Stromverbrauch im Unterhalt.

Viel Platz zum Laufen

Bartagamen leben in überwiegend baum-
armen Gegenden. Ihr abgeflachter Körper und die kurzen, kräftigen Beine wei-
sen sie als Bodenbewohner aus. Obwohl
sie oft stundenlang unter der Heizlampe
liegen, bewegen sie sich zeitweise recht
viel und laufen schnell. Eine große Bo-
denfläche im Terrarium ist daher wichtig. Nur so können die Echsen ihr ganzes Verhaltensrepertoire zeigen. Keine
Rolle spielen die Seitenverhältnisse des
Terrariums, es darf auch tiefer als breit
sein. Hier entscheiden die räumlichen
Verhältnisse und der persönliche Ge-
schmack. Zweitrangig ist auch die Höhe
des Beckens. Bartagamen klettern zwar
gut und gern, ein Stein oder eine Wurzel
reichen als Aussichtspunkte aber völlig
aus. Man kann die Terrarienhöhe jedoch
nutzen, um den Bewegungsraum durch
eine zusätzliche Ebene an der Rückwand
zu vergrößern. Bei allen Planungen stehen die Bedürfnisse der Bewohner an
erster Stelle.

Der richtige Standort für das Terrarium

Über den Standort des Terrariums für Ihre Bartagamen sollten Sie sich schon vor seinem Kauf im Klaren sein.

▶ Sollen die Bartagamen im Terrarium überwintern? Dann darf es nicht in einem Raum stehen, der im Winter beheizt wird.

▶ Steht das Becken an oder gegenüber eines Südfensters, kann es in den Sommermonaten zum Wärmestau und tödlichen Hitzekollaps der Bewohner kommen. Grundsätzlich ist es sehr viel einfacher, ein Terrarium zu heizen als zu kühlen.

▶ Das Terrarium kann in einem Zimmer stehen, das ständig benutzt wird. Die Tiere gewöhnen sich schon nach kurzer Zeit an das Treiben vor den Scheiben und ignorieren es.

▶ Das Terrarium sollte in Tischhöhe aufgestellt werden. So fühlen sich die Bewohner nicht bedroht, und man kann sie besser beobachten.

▶ Direkt einfallendes Licht wird von den Scheiben reflektiert und blendet den Betrachter. Die Bartagamen hingegen mögen es, wenn Sonnenlicht in ihr Zuhause fällt. Die UV-Strahlen (→ Seite 44) werden allerdings durch die Glasscheiben ausgefiltert.

▶ Wer seine Bartagamen in mehreren Terrarien unterbringen mochte, muss die Becken so aufstellen, dass die Tiere sich nicht sehen können. Wenn

TIPP

Leise öffnende Schiebetüren

Wenn die Bartagamen graben, gerät Sand in die U-Profile der Schiebescheiben. Beim Öffnen der Türen verursacht das laute Geräusche, die die Tiere erschrecken. Die Scheiben können auch klemmen und splittern. Klebt man Kunststoffschweißstäbe ins U-Profil (→ Foto, Seite 35), läuft die Scheibe trotz Sand geräuschlos.

Etagenbau schafft zusätzlichen Bewegungsraum: Mit einer künstlichen Ebene aus Styroporplatten entlang der gesamten Rückwand des Terrariums erhalten die Bewohner mehr Kletter- und Lauffläche. Die Styroporebene dient gleichzeitig als beliebter Aussichtspunkt.

zwei Männchen Blickkontakt zueinander haben, gerät fast immer eines der beiden unter großen Stress, versteckt sich nur noch oder wird krank.

▶ Ungeeignet als Terrarienstandort sind Räume, in denen geraucht wird. Ebenso solche, in denen sich Hunde, Katzen oder Vögel aufhalten, da viele Bartagamen ängstlich auf ihre Gegenwart reagieren. Greifvögel gehören in freier Natur zu den größten Feinden der Echsen. Der Anblick eines Vogels und selbst der eines Flugzeugs kann panische Flucht auslösen oder eine Schockstarre verursachen.

▶ Die unmittelbare Nähe zu einer viel befahrenen Straße oder Straßenbahn kann dazu führen, dass die durch den Verkehr verursachten Schwingungen das Wohlbefinden der Bartagamen stören. Abhilfe schafft eine 1–2 cm dicke Styroporplatte, wie sie eigentlich unter jedes Terrarium gehört. Sie dämpft zugleich auch die Erschütterungen, die Sie selbst beim Gehen im Zimmer hervorrufen.

Besser gleich mehrere Terrarien

Mit zwei oder mehr Terrarien können Sie sich die Haltung und Pflege Ihrer Bartagamen wesentlich erleichtern. **Jungtiere** dürfen nicht sofort ins große Terrarium gesetzt werden, da sie hier bei der Jagd auf Futtertiere leer ausgehen würden. Sie kommen zuerst in ein kleines, spärlich eingerichtetes Zweitbecken. **Bei Haremshaltung** kann es sinnvoll sein, das Männchen zu separieren, sobald eines der Weibchen trächtig wird, damit es in Ruhe seine Eier legen kann. **Kranke und verletzte Tiere** müssen meist von ihren Artgenossen getrennt in einem Quarantäne- oder Behandlungsterrarium untergebracht werden.

Holz, Glas oder Kunststoff?

Die meisten Terrarien bestehen aus Glas oder Holz. Da sich Holz gut bearbeiten lässt, wird es hauptsächlich für den Selbstbau (→ Seite 33) verwendet. Die mit Silikon verklebten Glasterrarien gibt es als Fertigmodelle im Fachhandel.

Vor- und Nachteile Glasterrarium:

▸ wirkt dank dünner Scheiben elegant und transparent und passt zu fast jeder Wohnungseinrichtung

▸ in allen Standardgrößen erhältlich, Sondermaße auf Bestellung

▸ lässt sich ohne viel Aufwand sauber halten und ist leicht zu desinfizieren

▸ Kleinere Ausführungen kosten vergleichsweise wenig.

▸ Große Glasterrarien sind teuer und sehr schwer.

▸ kann nur schwer nachträglich (etwa durch Bohren) bearbeitet werden

▸ ist bruchempfindlich

▸ Selbst bauen ist aufwendiger und in der Regel auch teurer als der Kauf.

Vor- und Nachteile Holzterrarium:

▸ lässt sich relativ einfach selbst bauen und bearbeiten

▸ ist nicht bruchgefährdet

▸ kostet weniger als ein Glasterrarium

▸ Holzterrarien können gestapelt aufgestellt werden.

▸ wirkt wegen der dicken Wände klobig

▸ ist schwieriger zu desinfizieren

▸ muss sorgfältig gegen Feuchtigkeit abgedichtet werden

Kleine Holzterrarien führt der Handel gar nicht, große (ab 100 cm) nur selten.

Kunststoffterrarium:

Große Terrarien aus Kunststoff gibt es erst seit einigen Jahren. Fündig wird man vor allem im Internet, der Einzelhandel bietet sie nur selten an. Kunststoffterrarien vereinigen alle Vorteile von Holz- und Glasterrarien und sind sehr leicht. Kleine Plexiglasterrarien mit bis zu 20 Liter Inhalt bewähren sich seit Langem als Behälter für Futtertiere, als Transportbox oder Behandlungsbecken für kleinere Reptilien.

CHECKLISTE

Einkaufsliste fürs erste Terrarium

Diese Checkliste hilft Ihnen, beim Kauf von Terrarium und Zubehör nichts zu vergessen.

○ Terrarienmodell, das zur Größe seiner zukünftigen Bewohner passt (→ Seite 28)

○ Terrarienunterlage (Styropor, Kunststoff)

○ Beleuchtung wie Leuchtstoff- und Kompaktleuchtstofflampen (→ Seite 41 ff.)

○ Wärmequellen wie HQL- und HQI-Lampen, Spotstrahler, Heizmatten (→ Seite 40 ff.)

○ UV-Lampe (→ Seite 44 ff.)

○ 2–3 Thermometer, je nach Terrariengröße. Eventuell Zeitschaltuhr, Thermostat und Dimmer (→ Seite 49)

○ Vitamin- und Mineralstoffpräparat, am besten in Pulverform

○ Futtertiere, möglichst 2–3 verschiedene Arten; Futter für die Futtertiere

○ kleine Plexiglasterrarien zur Halterung der Futtertiere

○ Futterpinzette (Edelstahl) und Kotlöffel

○ Trinkschale (dient auch als Badegefäß)

○ Bodengrund (→ Seite 36)

○ Wurzeln, Steine, Baumaterial für Höhlen

○ Material für Rückwand, 2. Etage, Schaukel

◀ *In gut strukturierten Terrarien kann man mehrere Tiere gemeinsam halten.*

gedrittelt werden, da sich kleine und leichte Scheiben besser schieben lassen. Probleme können Sandkörner machen, die von den grabenden Bartagamen in die U-Profile geschleudert werden (→ Tipp, Seite 29). Wenn die Glasscheiben auf der Lauffläche rund geschliffen sind, verringert das den Laufwiderstand.

Anliegescheiben Oben schräg nach hinten geneigte Anliegescheiben sind eine gute Alternative zu Schiebescheiben. Sie stehen nur unten im U-Profil und verschließen das Terrarium durch Neigung und Gewicht. Zum Öffnen hebt man eine Scheibe heraus oder setzt sie hinter die andere.

Frontblende Eine hohe untere Frontblende verringert den Sandeinwurf. Sie sollte mindestens 15 cm hoch sein.

Belüftung Bartagamen brauchen frische Luft. Eine großzügig bemessene Lüftung ist daher wichtig. Gekaufte Glasterrarien haben Lochbleche an der Front unten und im Deckel. Das reicht aber nicht aus. Das obere Lochblech kann mit einer Rasierklinge gelöst werden, mit der man den Silikonkleber durchtrennt. Mit einem speziell für Terrarien geeigneten Silikon klebt man dann eine nicht zu feine Drahtgaze ein. Drahtgaze ist luftdurchlässiger als Lochblech. Bleibt das Terrarium oben offen, muss ein breiter umlaufender, nach innen überstehender Rand verhindern, dass die Bartagamen herausklettern und Futtertiere entweichen können.

Wärmequelle Offene Terrarien erfordern eine sehr leistungsfähige Heizung. Da der Luftaustausch hoch ist, erhöhen sich auch die Heizkosten.

Darauf kommt es beim Terrarienkauf an

Breiter als tief Bartagamen brauchen viel Bewegungsraum. Bei großen Terrarien mit einer Tiefe von mehr als einem Meter lässt sich der hintere Bereich nur schwer reinigen. Besser eignen sich Terrarien, die deutlich breiter als tief sind.

Dickes Glas Die Terrarienscheiben müssen 5, besser 6 mm dick sein. Beim Graben schleudern die Agamen nämlich oft auch größere Steine dagegen.

Schiebescheiben Fast alle Terrarien lassen sich über Fall- oder Schiebescheiben an der Front öffnen. Falltüren eignen sich nicht fürs Bartagamenbecken, weil das Hantieren mit den großen Scheiben zu schwierig ist. Schiebetüren mit zwei Scheiben sind praktisch. Bei sehr langen Terrarien kann die Frontscheibe auch

▶ **Nicht empfehlenswert** Ein umfunktioniertes Aquarium kann nur von oben bedient werden. Dazu muss man den Deckel abnehmen, an dem Leuchten und Heizstrahler befestigt sind. Die umständliche Prozedur verleidet einem schnell die Freude am Terrarium. Darüber hinaus flößt eine von oben greifende Hand den Bartagamen Angst ein, weil sie die Attacke eines Greifvogels vermuten.

Holzterrarium im Eigenbau

Es gibt gute Gründe, ein Holzterrarium selbst zu bauen. Speziell bei sehr großen Becken kostet der Eigenbau viel weniger als ein gekauftes Terrarium. Abmessungen und Form des Terrariums können

ganz nach Belieben gewählt werden. Und da man direkt am Wunschstandort baut, entfällt auch der bei einem großen und schweren Terrarium aufwendige Transport. Berücksichtigen muss man den zum Teil hohen Zeit- und Arbeitsaufwand fürs Beschaffen der Materialien und den Bau selbst. Etwas handwerkliches Geschick und geeignete Werkzeuge sollten vorhanden sein.

Materialliste

Als Baustoff für Holzterrarien eignen sich Grobspanplatten (OSB), Tischler- und beschichtete Spanplatten. OSB-, Span- und Pressplatten enthalten Formaldehyd (→ Seite 50). In Deutschland hergestellte Platten dürfen bestimmte Grenzwerte nicht überschreiten.

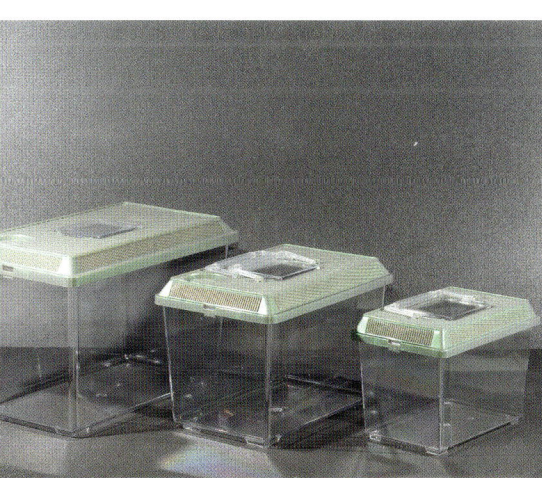

2 **Glasterrarium** Im Zoofachhandel werden Glasterrarien in unterschiedlichen Größen und Ausstattungen angeboten. Im Foto ein für die Bartagamen-Haltung geeignetes Becken mit Beleuchtung und vorgefertiger Rückwand.

1 **Kunststoffterrarien** Terrarienmodelle aus Kunststoff eignen sich vor allem zur Haltung und Zucht von Futtertieren, für den Transport der Bartagamen sowie als Quarantänestation für die Jungtiere.

De-luxe-Modell: selbst gebaute Terrarienanlage mit verschieden großen Einzelbecken.

Für Terrarien bis zwei Meter Breite sind beschichtete Spanplatten stabil genug. Die Platten sind beidseitig mit dünnem Kunststofffurnier beklebt, das sie widerstandsfähig und wasserdicht macht. Nur die Stoßkanten der verschraubten Platten müssen im Terrarium mit Silikon

abgedichtet werden. Im 160 cm langen Terrarium verwendet man 16–18 mm starke Platten, im Becken mit 200 cm Platten mit Stärken von 25–30 mm.

Bauanleitung Terrarium

Für ein Terrarium mit 160 x 100 x 70 cm (B x T x H) sind diese Platten nötig: Boden 160 x 100 cm, zwei Seitenwände mit je 98 x 70 cm, Rückwand 160 x 70 cm, Frontblende 156 x 15 cm, hinterer Deckel 160 x 50 cm.

▸ Platten im Abstand von 15 cm mit Senkkopfschrauben für Spanplatten (3 mm, 40 mm lang) verschrauben.
▸ Stoßkanten im Terrarium mit transparentem Silikon abdichten. Auf die sichtbaren Schnittkanten der Spanplatten Umleimer aufbügeln.
▸ Hartholzleiste (160 x 4 x 2 cm) vorne oben um 20 cm nach hinten versetzt anschrauben. Sie dient als oberer Anschlag für die Frontscheiben.
▸ Die schräg stehenden Frontscheiben sitzen unten in einem 7 mm breiten Doppel-U-Profil. Glasstärke 4–6 mm, rund geschliffene Kanten.
▸ Die Front kann entweder mit zwei oder drei Glasscheiben verschlossen werden. Nachteil von zwei gegenüber drei Scheiben: Die Einzelscheiben sind relativ schwer; Nachteil bei drei Scheiben: eine zusätzliche Stoßkante.
▸ Wird die obere Lüftung mit Drahtgaze beklebt, muss man im unteren Teil des Terrariums eine zusätzliche Lüftungsfläche einbauen, entweder an einer Schmalseite oder in der unteren Frontplatte. Nur wenn das Becken oben offen bleibt, kann auf die zweite Lüftungsfläche verzichtet werden.
▸ Jetzt kann man die Lampen und Strahler an der Decke montieren und das Terrarium einrichten.

Terrarienbau und -deko
auf einen Blick

◀ **Holzterrarium**

Selbst gebautes Terrarium aus Holz (→ Bauanleitung linke Seite). Im Rohzustand (Foto ganz links) erkennt man die Grundstruktur. Daneben (Foto links) das vollständig eingerichtete und im Betrieb befindliche Terrarium.

Einrichtung ▶

Das Bartagamen-Terrarium muss seinen Bewohnern unterschiedliche Kletter- und Versteckmöglichkeiten bieten (Foto rechts), vor allem aber auch eine ausreichend große Lauffläche (Foto ganz rechts).

◀ **Glasterrarium**

Selbst gebautes Terrarium aus Glas mit Alu-Profilen (Foto ganz links). Die Schiebescheiben laufen in U-Profilen mit eingeklebten Kunststoff-Schweißstäben (Foto links), die Laufgeräusche fast völlig unterbinden.

Der Bodengrund

Bartagamen verbringen die meiste Zeit auf dem Boden. Die Wahl des Substrats ist daher sehr wichtig. Geeignet sind: Spielkistensand, Terrariensand, Sand-Erde- oder Sand-Lehm-Mischungen. Der Sand muss geschliffen(rund) sein. Gebrochener, scharfkantiger Sand kann Darmverletzungen verursachen, wenn und Fremdteilen sein. So können zum Beispiel lange Torffasern zu Darmverstopfungen führen. Lehm zum Mischen bietet der Zoofachhandel an. Sein Anteil darf nicht zu hoch sein, weil es sonst stark staubt, wenn die Bartagamen im Boden wühlen. Zur Staubentwicklung neigt auch der im Handel erhältliche feine Wüstensand. Kies ist kein guter Bodengrund. Er bindet Ausscheidungen nur sehr schlecht, und die beim Graben herumfliegenden Steinchen können die Glasscheiben beschädigen.

WUSSTEN SIE SCHON, DASS …

… es Computer zur Lichtsteuerung gibt?

Mit einem programmierbaren Computer kann man die modernen T5-Leuchtstofflampen komfortabel steuern. Regeln lassen sich Ein- und Ausschaltzeiten, Sonnenauf- und Sonnenuntergang, aber auch die zufallsgesteuerte Verdunkelung als Simulation einer Bewölkung. Sehr nützlich ist das automatische Abschalten der Lampen, sobald die vorgegebene Höchsttemperatur erreicht ist. Ein Überhitzen des Terrariums wird so zuverlässig verhindert.

er verschluckt wird. Da Bartagamen am Boden lecken, um Geruchsstoffe aufzunehmen, sollte der Sand keine zusätzlichen Aromen enthalten, wie sie etwa in Form von Anis dem Vogelsand zugesetzt werden. Sand bindet die Ausscheidungen der Tiere sehr gut, und man kann auf einen Blick sehen, wie stark er verschmutzt ist. Nachteilig ist, dass er die Bewegungen der Bartagamen hemmt, weil sie beim Laufen tief einsinken. Das können Sie verhindern, wenn Sie den Sand mit Erde oder Lehm mischen. Die Erde muss frei von großen Einschlüssen

Die Rückwand

Eine geschickt gestaltete Rückwand ist nicht nur eine optische Bereicherung des Terrariums, sie bietet den Echsen zugleich auch mehr Bewegungsraum. Mit der Felswand im Rücken fühlen sie sich darüber hinaus sicherer. Besonders attraktiv sind Terrarien, bei denen die Seitenwände ebenfalls entsprechend ausgeformt wurden.

▶ Von der einfachen gefärbten Korkplatte zu acht Euro für den halben Quadratmeter bis zur viele hundert

Je größer, desto besser! Bartagamen sind besonders
bewegungsfreudige Terrarienbewohner
und brauchen ein Becken mit möglichst großer Grundfläche.

Euro teuren, naturnah gestalteten Felswand aus Kunststoff bietet der Zoohandel Rückwände in allen Formen und für jeden Geldbeutel an. Die Fertigwände werden mit Silikon auf die hintere Terrarienscheibe geklebt.

▶ Kunststoffrückwände sehen fast echt aus, sind aber so glatt, dass die Tiere nur schwer an ihnen klettern können.
▶ Rückwände aus Kork leiden unter den starken Krallen der Agamen, sind dafür aber gut zum Klettern geeignet.

Bauanleitung Rückwand

Es gibt verschiedene Methoden, um eine Terrarienrückwand selbst zu bauen.

▶ Leicht verarbeiten lassen sich dicke Styroporplatten, die miteinander verklebt werden. Mit der Heißluftpistole formt man die Felsstrukturen und stellt danach mit mehreren Schichten Fliesenkleber, dem Abtönfarbe beigemischt wird, die Oberfläche her. Zum Aufrauen kommt Sand auf die letzte Schicht. Beim Abtönen sollten Sie helle Farben wählen, die das Licht reflektieren und das Terrarium lichter und freundlicher wirken lassen.
▶ Auch mit PU-Bauschaum kann man eine schöne Rückwand gestalten. Das ist etwas schwieriger als mit Styropor, da der Schaum nach dem Aufsprühen noch quillt und sich relativ schlecht nachbearbeiten lässt. Da sich außerdem beim Aushärten gesundheitsschädliche Gase entwickeln können, darf man mit PU-Bauschaum nicht in geschlossenen Räumen arbeiten.

Die 2. Etage ist kein Luxus

2. Etage Eine zusätzliche Ebene in halber Höhe hinten im Terrarium bietet mehr Bewegungsraum und dient als Aussichtsplattform. Die 2. Etage besteht aus Styropor und wird wie die Rückwand bearbeitet. Lange Schrauben und Metallwinkel fixieren sie an Rückwand und Seitenwänden. Um Ausscheidungen rückstandsfrei zu entfernen, muss die Oberfläche glatt sein und wird am besten mit Epoxidharz versiegelt. Für den Aufstieg eignet sich eine Wurzel.
Wurzeln und Korkäste Bizarre Wurzeln sind attraktive Gestaltungselemente und beliebte Aussichtspunkte. Statt Wurzeln kann man auch die leichteren Korkäste und Korkröhren verwenden.

Zur artgerechten Haltung der Bartagamen gehören Aussichtsplätze und unterschiedliche Kletterangebote.
▼

Schaukel Eine flache Korkrinde wird mit vier dünnen Ketten oder Seilen an der Decke befestigt. Die Schaukel ist ein idealer Sonnen- oder Aussichtsplatz. Sie kann so hoch hängen, dass die Tiere sie gerade noch im Sprung erreichen.

Steine Ein unter dem Wärmestrahler liegender Stein speichert die Hitze und gibt sie noch lange nach Ausschalten des Strahlers ab. Der Heizeffekt ähnelt dem in der Natur: Von oben wärmt der Strahler, von unten der Stein. Vorsicht: Wird der Stein untergraben und stürzt um, können sich die Echsen verletzen.

Höhlen Röhren aus Kork eignen sich gut als Unterschlupf. Nicht empfehlenswert sind aus Steinen zusammengesetzte Höhlen, da sie leicht einstürzen und die Tiere unter sich begraben können.

Grünpflanzen Bartagamen fressen fast jede Pflanze an und benutzen sie meist auch als Aussichtsplatz. In einem Bartagamenterrarium sollte man daher auf Grünpflanzen verzichten.

Schöner wohnen: Wenn die gestaltete Rückwand des Terrariums an die Körperfärbung der Bewohner angepasst wird, ergibt sich ein harmonisches Gesamtbild.

Technik und Zubehör

Ohne technische Hilfsmittel kann man ein Bartagamen-Terrarium nicht betreiben. Lampen und Strahler, die Wärme und Licht produzieren, sind unerlässlich. Lichtleistung, Lampentyp und Beleuchtungsdauer richten sich nach der Größe des Terrariums.

HELLIGKEIT UND WÄRME haben für die Bartagamen im Terrarium die gleiche Bedeutung wie für ihre Vettern in der australischen Wildnis. Der Zoofachhandel bietet heute hoch entwickeltes Technikzubehör an, mit dem sich die natürlichen Umweltbedingungen der Echsen sehr gut simulieren lassen.

Hauptsache schön warm

Erfolgreiche Reptilienhaltung hängt in erster Linie von der richtige Temperatur im Terrarium ab. Neben einem Sonnenplatz, an dem es bis zu 50 °C heiß wird, mussen die Bewohner die Möglichkeit haben, sich in kühlere Bereiche mit Temperaturen zwischen 20 und 25 °C zurückzuziehen.

▸ Die meisten Terrarien mit Standardabmessungen sind breiter als tief. Für das nötige Temperaturgefälle sorgt man, indem die Heizung an einem Ende des Beckens installiert wird. Die Grundtemperatur von 25–30 °C wird zwischen Sonnenplatz und kältestem Punkt ermittelt und lässt sich durch Vergrößern und Verkleinern der Lüftungsflächen regeln.

▸ Bartagamen brauchen viel frische Luft. Die Lüftungsflächen dürfen nie vollständig geschlossen werden. Das wäre aber notwendig, wenn es im Ter-

rarium zu kühl wird. Daher sollte die Heizleistung im Becken von vornherein großzügig bemessen sein.

▸ Der Sonnenplatz wird im Laufe des Tages immer wieder aufgesucht. Liegen die Tiere jedoch fast den ganzen Tag unter der Lampe, ist das ein Indiz für die zu geringe Leistung des Strahlers. Sonnenplatz-Temperaturen über 50 °C dürfen nicht auftreten, da es sonst zu Verbrennungen der Haut der Reptilien kommen kann.

▸ In den Aufzuchtterrarien sieht man oft vier oder fünf junge Bartagamen übereinander beim Sonnenbaden. Werden aber mehrere erwachsene Bartagamen im Terrarium gehalten, sollten Sie ihnen auch mehrere Sonnenplätze zur Verfügung stellen.

TIPP

Terrarium richtig ausleuchten

Um Ihre Bartagamen im Terrarium ins rechte Licht zu setzen, sollten Sie die Beleuchtung im vorderen Drittel der Terrarienabdeckung anbringen. Auf diese Weise fällt das Licht von vorne oben schräg nach hinten und beleuchtet die Bewohner so, dass sie für den Betrachter am besten zu sehen sind.

Wärmequellen

In freier Natur spendet die Sonne den Bartagamen die nötige Wärme von oben, während das aufgeheizte Substrat (→ Seite 38) sie von unten erwärmt. Dabei speichern Naturmaterialien die Wärme unterschiedlich stark: Schieferplatten sind gute Wärmespeicher, Holz hingegen nimmt kaum Wärme auf.

Spotstrahler Für Sonnenplätze stellen Spot- und PAR-Strahler die einfachste Lösung dar. Angeboten werden sie in verschiedenen Wattstärken, sodass man schnell Modelle mit passender Leistung findet. Da sie sich dimmen lassen, kann man die Temperatur exakt einstellen. Spotstrahler sind innen verspiegelt und können ohne Reflektor betrieben werden. Sie geben viel Wärme ab, liefern allerdings im Vergleich zu moderneren Leuchtmitteln weniger Licht und kein UV-Licht (→ Seite 44). Die Standardausführungen sind relativ preiswert.

Dunkelstrahler Dunkel- oder Ellsteinstrahler werden schon seit vielen Jahren in Terrarien verwendet. In Relation zur Wattzahl ist ihre Heizleistung sehr hoch. Durch seine massive Keramikwand heizt ein Dunkelstrahler die Luft stark auf. An der extrem heißen Oberfläche können sich die Terrarienbewohner schwere Verbrennungen zuziehen, wenn sie auf oder gegen einen ungeschützten Strahler springen. Dunkelstrahler senken die Luftfeuchtigkeit deutlich ab. Da sie ausschließlich Wärme, aber weder Licht noch UV liefern, eignen sie sich in erster Linie als Zusatzheizung.

▸ Zur Sicherheit dürfen Dunkelstrahler nur mit großem Schutzkorb in das Terrarium eingebaut werden.

Heizmatten und -kabel Als alleinige Wärmequellen im Terrarium eignen sich Heizmatten und -kabel nicht, da sie nur Wärme von unten liefern. In sehr großen Terrarien kann man sie aber zusätzlich zu den Strahlern einsetzen. Die Leistung der dimmbaren Geräte lässt sich sehr fein regulieren. In einem Glasterrarium legt man Heizmatte oder Heizkabel zwischen eine Styroporplatte

◂ Regelmäßige Wärmebäder sind für Bartagamen wichtig: Diese P. henrylawsoni genießt die Bestrahlung durch die Wärmelampe und richtet sich auf, um noch mehr Hitze zu tanken.

2 **Metalldampflampe (HQI)** Das Lampenmodell »Lucky Reptile« ist mit einem elektronischen Vorschaltgerät und einem Reflektor ausgestattet. Die HQI-Lampe liefert sehr viel Licht, Wärme und UV-Strahlung.

▼

▲
1 **UV-Kompaktlampe** Dieser UV-Typ eignet sich nur für kleine Terrarien und muss möglichst dicht über den Tieren hängen.

▲
3 **Metalldampflampen** Die Lampen besitzen ein eingebautes Vorschaltgerät und können direkt am Stromnetz betrieben werden.

und den Beckenboden. Hier können die Grabaktivitäten der Tiere den Heizgeräten nichts anhaben. Die Temperatur darf nicht zu hoch gewählt werden, da sonst der Glasboden platzen kann. Beim Holzterrarium muss man Heizmatten oder -kabel im Terrarium unterbringen, unter dem Becken würden sie keinen Effekt erzielen, da Holz ein sehr schlechter Wärmeleiter ist. Zwangsläufig sind die Heizgeräte hier nicht völlig vor den Krallen der Echsen geschützt. Und auch eine Funktionskontrolle ist nach dem Verlegen kaum mehr möglich.

▸ Bei elektrischen Geräten in Holzterrarien lässt sich das Brandrisiko nicht völlig ausschalten.

Heizsteine Heizsteine müssen immer ins Terrarium eingesetzt werden. Für ausgewachsene *Pogona vitticeps* sind sie in der Regel zu klein dimensioniert.

Lampen, die Licht und Wärme spenden

Viele Lichtquellen geben neben Licht auch Wärme ab. Seit einigen Jahren bietet der Fachhandel sehr leistungsfähige Leuchtmittel speziell für den Terrarienbereich an, die darüber hinaus auch UV-Licht (→ Seite 44) produzieren.

Quecksilberdampflampen (HQL) Die Terrarienbeleuchtung sollte möglichst dem Tageslichtspektrum entsprechen. Dafür eignen sich Quecksilberdampflampen (HQL), wie man sie schon sehr lange in der Aquaristik und Terraristik einsetzt. Betrieben werden die Lampen mit einem konventionellen Vorschaltgerät, effektivere elektronische Modelle gibt es leider nicht. Da sie nur in den Leistungsstufen 50, 80 und 125 Watt erhältlich sind, kommen sie lediglich für

◄ *Die schön gezeichnete Farbbartagame erklettert eine Felsrückwand.*

Metalldampflampen immer mit einem elektronischen Modell betrieben werden, auch wenn das etwas teurer ist. Vorteile: flackerfreier Betrieb, längere Brenner-Lebensdauer und geringerer Stromverbrauch. HQI-Lampen gibt es in verschiedenen Lichtfarben, für die Terraristik ist »D« (Daylight, Tageslicht) am besten geeignet. Der Brenner sollte spätestens nach einem Jahr gewechselt werden. Die HQI-Lampen produzieren viel UV-Licht und dürfen daher immer nur mit dem originalen Schutzglas verwendet werden. Auch durch das Glas wird stets noch etwas UV-Licht abgegeben. Metalldampflampen kann man in mittelgroßen Terrarien ab 80 cm Höhe einsetzen.

Metalldampflampen der Marke Lucky Reptile gibt es mit 50, 70 und 150 Watt. Ihr Lichtspektrum wirkt sehr natürlich. Man kann zwischen zwei Farben wählen: »Desert« mit 6000 Kelvin ist etwas kälter als das Tageslicht mit seinen 5400 Kelvin, »Jungle« mit 4000 Kelvin wirkt wärmer. Bei Lampen mit 70 Watt misst man in 30 cm Abstand noch 60.000 Lux. Zum Vergleich: Das Tageslicht in Mitteleuropa hat zur Mittagszeit 100.000 Lux und mehr. Mit zwei oder drei HQI-Lampen kann man also fast natürliche Lichtverhältnisse im Terrarium schaffen. Da ihr Leuchtkegel spotähnlich ist, eignen sich die Lampen hervorragend als Wärmestrahler. Darüber hinaus geben sie viel UV-Licht ab, sodass auf spezielle UV-Strahler verzichtet werden kann. Die Lampen brauchen ebenfalls ein Vorschaltgerät. Auch hier empfiehlt sich ein elektronisches.

kleine und mittelgroße Terrarien in Betracht. HQL-Brenner kosten komplett mit Reflektor maximal 100 Euro und sind damit im Vergleich zu moderneren Beleuchtungen recht preiswert. HQL-Brenner neuerer Bauart besitzen leider alle einen UV-Stopp. Der Brenner muss spätestens nach 18 Monaten gewechselt werden, da sich sein Lichtspektrum mit der Zeit verschiebt. Dem Tageslicht am nächsten kommt die Lichtfarbe Deluxe. Viele Reptilien scheinen sich unter einer HQL-Beleuchtung wohler zu fühlen als unter anderen Lichtquellen.

Metalldampflampen (HQI) Moderner und wirkungsvoller als HQL-Lampen sind Metalldampflampen (HQI), die vor allem auch ein deutlich helleres Licht abgeben. Im Terrarium verwendet man Stärken von 50 bis 250 Watt. Statt eines konventionellen Vorschaltgeräts sollten

HQI-Lampen mit 50 Watt eignen sich für bis zu 60 cm hohe Terrarien bei einem Sicherheitsabstand von mindestens 20 cm zu den Tieren; HQI mit 70 Watt für Becken bis 70 cm Höhe, Mindestabstand 30 cm; 150 Watt für 120 cm Höhe beim Sicherheitsabstand von mindestens 50 cm.

▸ Ein komplettes HQI-Set mit 70 Watt kostet mit Brenner, Vorschaltgerät und Lampenschirm etwa 150 Euro.

Leuchtstofflampen

Leuchtstofflampen, auch Niederdruck-Gasentladungslampen genannt, sind die Standardbeleuchtung in der Terraristik. Anders als HQL- und HQI-Lampen (→ Seite 41 und 42) produzieren Kaltlichtleuchten nur Licht und keine Wärme. Da sie das Licht über die ganze Länge der Röhre abgeben, wird das Terrarium gleichmäßig ausgeleuchtet. Leuchtstofflampen gibt es in vielen Größen und Lichtfarben, auch als UV-Röhren. Die modernen, dünnen T5-Röhren arbeiten sehr viel energieeffizienter als die älteren T8-Röhren. Angeboten werden sie in zwei Versionen: als High Output (HO) und High Efficieny (HE). Bei gleicher Länge haben HO-Röhren eine höhere Wattzahl und sind dadurch sehr viel heller. Daher kommen für Bartagamen-Terrarien nur HO-Röhren in Betracht. Die Röhren müssen spätestens nach einem Jahr gewechselt werden, UV-Röhren möglichst schon nach sechs Monaten. Unverzichtbar ist ein Reflektor, der das Licht in eine bestimmte

MEIN HEIMTIER

Wird mein Terrarium richtig beheizt?

Wie bei allen wechselwarmen Tieren ist das richtige Mikroklima im Bartagamen-Terrarium die Basis für eine erfolgreiche Pflege und Gesunderhaltung. Kontrollieren Sie die verschiedenen Temperaturzonen regelmäßig.

Der Test beginnt:

○ Liegt die Grundtemperatur je nach Jahres- und Tageszeit zwischen 25 und 30 °C?

○ Wird es auf dem Sonnenplatz 45–50 °C warm?

○ Können sich alle Tiere nach Belieben aufwärmen? Gibt es dafür mehrere Sonnenplätze?

○ Beträgt die Temperatur an einigen kühleren Versteckplätzen ca. 20 °C?

○ Sind alle Terrarienbewohner lebhaft und aufmerksam und haben einen guten Appetit?

Mein Testergebnis:

◀ *Im Freilandterrarium zeigen Farb-bartagamen ihre schönsten Farben.*

UV-Licht

Ultraviolettes Licht ist fürs menschliche Auge nicht sichtbar. Die UV-Strahlung wird in drei Bereiche unterteilt: UV-A mit einer Wellenlänge von 320–380 nm (nm für Nanometer, entspricht einem milliardstel Meter), UV-B mit 280–320 nm und UV-C mit 200–280 nm.

UV ist lebenswichtig Ohne UV-Licht des B-Bereichs kann der Organismus der Reptilien kein Vitamin D_3 synthetisieren. Das Vitamin ist ein essenzieller Bestandteil des Kalziumstoffwechsels. D_3-Mangel verursacht Knochenerkrankungen, wie zum Beispiel Rachitis, die bei der Aufzucht der Jungtiere auftreten und zu Missbildungen der Kiefer und von Wirbelsäule und Schwanz führen. Wenn auch die Muskulatur betroffen ist, sind die Überlebensaussichten gering, weil das kranke Tier nicht mehr fressen und sich kaum noch bewegen kann.

Glas stoppt UV-Licht Bestrahlung mit UV ist wirkungslos, wenn sich die UV-Lampe hinter Glas befindet. Glas filtert UV-Licht fast völlig aus, Plexiglas zu einem großen Teil. Im Terrarium dürfen UV-Lampen daher nicht über der Glasabdeckung installiert werden, sondern müssen direkt im Becken oder über der Lüftungsgaze hängen. Die UV-Intensität nimmt mit zunehmender Entfernung schnell ab, die Lampe muss also möglichst dicht über den Tieren angebracht sein. Zugleich darf aber der Mindestabstand nicht unterschritten werden, um Hautverbrennungen zu vermeiden. Die Hersteller geben die erforderliche Minimaldistanz für ihre Lampen an.

Richtung zurückwirft. Gute Reflektoren können die Beleuchtungsstärke um bis zu 140 Prozent steigern.

▸ Ein steckerfertiges T8-Röhren-Set mit Röhre, Vorschaltgerät und Reflektor erhält man schon ab 10 Euro, ein T5-Set kostet 40–60 Euro.

Kompakt-Leuchtstofflampen

Kompakt-Leuchtstofflampen eignen sich nur für Aufzuchtbecken und ähnlich kleine Terrarien. Sie sollten stets mit Reflektor betrieben werden. Der Leuchtkörper ist meist gebogen oder gedreht, um ihn auf möglichst kleiner Fläche unterzubringen. Seine Leuchtkraft ist vielfach höher als die einer Glühbirne. Es gibt Modelle mit und ohne integriertem Vorschaltgerät. Da das Leuchtmittel altert, muss es nach 9–12 Monaten Dauerbetrieb ausgetauscht werden.

Regelmäßig austauschen UV-Lampen erzeugen UV-A- und UV-B-Strahlung, aber kein UV-C. Die kurzwelligen UV-C-Strahlen können Krebs auslösen und wirken keimtötend. Mit zunehmender Betriebsdauer lässt die Leistung der UV-Lampen nach. Nach sechs, spätestens aber nach neun Monaten müssen Brenner oder Röhren ausgetauscht werden.

UV und Vitaminpräparate Die Bestrahlung mit UV ist nicht unumstritten und wird unter den Terrarianern kontrovers diskutiert. Nach meiner Erfahrung sind Bartagamen, die mit UV-Licht bestrahlt werden, viel lebhafter als Artgenossen, die ohne Bestrahlung gehalten werden. Man kann das lebenswichtige Vitamin D_3 auch über das Futter zuführen, gute Vitamin-Mineralstoffpräparate enthal-

ten alle wichtigen Vitamine. Werden die Terrarienbewohner gleichzeitig mit UV bestrahlt und mit Vitamin D_3 versorgt, muss die Vitamingabe reduziert werden. Die Überdosierung von Vitamin D_3 ist genauso gefährlich wie ein Mangel.

UV-Bad zeitlich begrenzen Als UV-Quelle für das Terrarium bewährt sich der Osram-Ultra-Vitalux-Strahler mit 300 Watt seit Jahren. Das ist ein innenverspiegelter Kolben, den man in jede gängige Glühbirnenfassung (E27) einschrauben und ohne Vorschaltgerät an die Haushaltsspannung (230 Volt) anschließen kann. Da er sehr heiß wird, muss er in einer Porzellanfassung sitzen. Der Strahler gibt so viel UV-Licht ab, dass er jeweils nur kurze Zeit benutzt werden darf, bei Jungtieren alle zwei

1 Sonnenanbeterin Diese Bartagame hat sich eine exponierte Stelle im Freilandterrarium gesucht, auf der sie sich ganz flach macht, um möglichst viel Strahlungswärme aufnehmen zu können.

2 Hitzespeicher Bartagamen wissen ganz genau, welche Steine die Sonnenwärme besonders gut speichern. Diese *Pogona vitticeps* streckt alle viere von sich, um so auch ihre Bauchpartie aufzuwärmen.

Anleitung für Jungterrarianer

Unser zehnjähriger Sohn wünscht sich ein Terrarium mit zwei Bartagamen, das er gerne in seinem Zimmer aufstellen möchte. Er mag Tiere sehr und hat schon einen Hund, um den er sich liebevoll kümmert. Können Kinder in diesem Alter mit Bartagamen umgehen oder sind andere Terrarientiere besser geeignet?

EIN GUTER START in die Terraristik sind Bartagamen auf jeden Fall. Im Vergleich zu vielen anderen Terrarientieren werden sie zutraulich und sind relativ unkompliziert in der Pflege. Für Anfänger also fast ideal.

Mit einem Einzeltier beginnen

Wenn in einer Familie zuvor noch nie Reptilien gehalten wurden, sollte man möglichst klein einsteigen und mit nur einem Tier beginnen. Bei den Bartagamen stellt das kein Problem dar, da sie im Grunde Einzelgänger sind, die auch ohne Artgenossen auskommen. Mit nur einem Tier fallen mögliche Probleme weg, die bei der Gemeinschaftshaltung der manchmal doch recht ruppigen Echsen entstehen können und Anfänger überfordern. Eine zweite Bartagame kann man später immer noch dazukaufen. Am besten klappen Haltung und Pflege eines halbwüchsigen Exemplars, das etwa 20 bis 25 cm lang ist. Jungtiere sind deutlich empfindlicher und anspruchsvoller als ihre älteren Artgenossen. Darüber hinaus erspart sich der Halter auch den Kauf eines kleineren Terrariums, wie es für die Aufzucht der Jungtiere unumgänglich ist. Und keine Angst: Die schon halb erwachsene Bartagame wird mir Sicherheit genauso zutraulich wie eine junge.

Bartagamen sind kein Spielzeug

Mit zehn Jahren wollen Kinder vor allem spielen, und beziehen ihre Tiere in die Spiele ein. Bartagamen haben als Reptilien aber völlig andere Ansprüche als Hund und Katze und Heimtiere, die den engen Umgang mit dem Menschen akzeptieren und meist von sich aus suchen. Auch manche erwachsene Bartagamen-Besitzer verhalten sich falsch: Sie nehmen die Tiere ständig aus dem Terrarium, tragen sie herum und lassen sie in der Wohnung laufen. Im Gegensatz zu anderen Reptilien machen die zutraulichen und gutmütigen Agamen alles mit. Dass zu ihrer richtigen Haltung nicht zuletzt Distanz gehört, sollte man jungen Terrarianern von Anfang an klar machen.

Gemeinsam die Reptilienwelt entdecken

Das Terrarium sollte nicht im Kinderzimmer, sondern dort stehen, wo die Eltern ein Auge darauf haben und die Kinder zum Beobachten der Tiere anleiten und nach und nach mit der Pflege vertraut machen können. Ein Zehnjähriger ist mit vielen Dingen rund ums Terrarium überfordert und verliert dann meist schnell die Lust daran. Der Umgang mit Strahlern und Heizung birgt Gefahren, denen die Eltern ihre Kinder nicht aussetzen dürfen.

Tage bis 15 Minuten, bei erwachsenen Agamen nach Eingewöhnung maximal eine Stunde. Der Strahler braucht etwa fünf Minuten, bis er einsatzbereit ist. Er muss so angebracht werden, dass die Tiere nicht direkt in den Strahlengang schauen können. Am sichersten ist die Bestrahlung von oben, wegen der starken Hitzeentwicklung im Abstand von ca. 80 cm. Wichtig: Die Bartagamen müssen ihr Sonnenbad nach eigenem Belieben abbrechen und einen Schattenplatz aufsuchen können.

▸ Für eine UV-Dauerbestrahlung sind die neuen HQI-Strahler (→ Seite 42) die beste Empfehlung.

UV-Leuchtstofflampen Für kleine und mittelgroße Terrarien mit einer Höhe bis 60 cm sind UV-Leuchtstofflampen eine gute und zudem preisgünstige Alternative. Die vielen vom Fachhandel angebotenen Modelle unterscheiden sich zum Teil erheblich in der Leistung, sowohl bei UV-A- als auch besonders bei UV-B-Strahlung. Für die sonnenhungrigen Bartagamen darf man getrost zu Röhren mit höheren UV-B-Werten greifen. Die Röhren sollten während der ganzen Beleuchtungsphase angeschaltet bleiben. Da ihre Lichtfarbe in der Regel nicht sehr natürlich wirkt, kombiniert man die UV-Röhre am besten mit zwei Tageslichtröhren, die das Terrarium natürlich ausleuchten. Ein Reflektor (→ Seite 43) steigert auch hier die Lichtausbeute erheblich. Die UV-Leistung lässt nach, meist ohne dass man es registriert. Nach spätestens sechs Monaten müssen die Röhren ersetzt werden.

UV-Kompaktlampen Ebenfalls für kleine bis mittelgroße Terrarien konzipiert sind UV-Spar- oder Kompaktlampen mit 9 bis 26 Watt. Das Vorschaltgerät sitzt im Sockel, die Lampen passen in normale E27-Fassungen. Es gibt runde und längliche Leuchtmittel. Die Lampen eignen sich für die Aufzucht der Jungen, runde Ausführungen auch als UV-Spotstrahler für Sonnenplätze. Da sie kaum Wärme abgeben, muss man sie mit einfachen Spotstrahlern kombinieren. Der Austausch erfolgt nach sechs Monaten.

Sommer und ▸ Sonne: Auch die modernste Bestrahlungstechnik kann natürliches Sonnenlicht nicht ersetzen. Das Sonnenbad im Freien stärkt den Organismus der Echsen.

Die richtige Kombination

Mit nur einer einzigen Lampe kann man in einem Terrarium für große Bartagamen nicht für die erforderlichen Licht- und Wärmeverhältnisse sorgen. Erst die richtige Kombination mehrerer Lampentypen stellt sicher, dass sich die wechselwarmen Bewohner wohlfühlen. Meine Empfehlung für ein Terrarium mit den Abmessungen 160 x 80 x 70 cm:

- zwei 120 cm lange HO-T5-Tageslicht-Leuchtstofflampen (→ Seite 43) mit je 54 Watt und Reflektor,
- eine Metalldampflampe (→ Seite 42) mit 70 Watt in der Lichtfarbe Desert.

Die Leuchtstofflampen sorgen für ausreichende Helligkeit im Becken, unter der HQI-Lampe liegt der Sonnenplatz des Terrariums, und gleichzeitig liefert sie auch das nötige UV-Licht. Seitenwände, Terrariendecke und oberer Rand der Rückwand sind ebenso weiß wie der Sand des Bodengrunds, lediglich die Rückwand selbst ist als hellbraune Felswand gestaltet. Wenn Bodengrund und Wände dunkel gehalten sind, muss eine zusätzliche Leuchtstofflampe für mehr Licht sorgen.

TIPP

Nur Elektrogeräte mit Prüfsiegel

Alle elektrischen Geräte fürs Terrarium sollten eine Schutzleitung haben und ein Prüfsiegel wie GS/TÜV tragen. Entsorgen Sie defekte Heizmatten und -kabel sofort. Installation und Reparatur der Beleuchtung sollten nur vom Fachmann ausgeführt werden. Kontrollieren Sie Elektrogeräte und Leitungen regelmäßig.

Sinnvolles Technik-Zubehör

Zur Kontrolle der Terrarientemperatur sind Thermometer unverzichtbar. Zeitschaltuhr, Thermostat und Dimmer sind kein Muss, erleichtern den Betrieb und die Überwachung eines Terrariums aber ganz wesentlich.

Zeitschaltuhr

Der Tag-Nacht-Rhythmus im Terrarium beeinflusst das Fortpflanzungsverhalten und die Winterruhe der Echsen. Im Sommer sollte man das Becken zwölf Stunden täglich beleuchten und beheizen, im Winter acht Stunden. Konstante Ein- und Ausschaltzeiten lassen sich nur mit einer Zeitschaltuhr realisieren. Dazu reichen einfache und fast immer sehr preisgünstige mechanische Modelle völlig aus. Als Reserve sollten Sie sich eine zweite Zeitschaltuhr anschaffen.

Thermometer

Ohne Thermometer kann ein Terrarium nicht betrieben werden. Es gibt Modelle in jeder Preisklasse, konventionell als Quecksilber-Thermometer, elektronisch oder mit Fernfühler für die Innen- und Außenmessung. Im Terrarium kommt es bei der Temperaturmessung auf ein halbes Grad mehr oder weniger nicht an. Anders bei der Eizeitigung (→ Seite 105), wo die Temperatur exakt eingehalten werden muss. Die Temperatur im Terrarium (25–30 °C) wird zwischen dem beheizten und unbeheizten Teil gemessen. Berührungslos und besonders komfortabel geht das mit einer Infrarot-Temperaturpistole. Die Pistole wird auf den Messpunkt gerichtet und man kann die Temperatur sofort ablesen. Temperaturpistolen kosten im Fachhandel zwischen 30 und 100 Euro.

Thermostat

Thermostate sind Thermometer, die zusätzlich bei vorgewählter Temperatur ein- und ausschalten. Für das Terrarium erweisen sich Modelle mit Fernfühler besonders praktisch: Das außerhalb des Terrariums angebrachte Thermostat kann nicht beschädigt werden, nur der kleine Fernfühler sitzt an unauffälliger Stelle im Becken. Auf diese Weise kann man die Temperatur ohne zusätzlichen manuellen Eingriff im gewünschten Bereich halten. Über ein Thermostat lässt sich auch eine zweite Wärmelampe zuschalten, wenn zum Beispiel die Grundtemperatur zu niedrig ist.

Dimmer

Wenn die Leistung eines Strahlers verringert werden muss, verwendet man einen Dimmer. Ein normaler Dimmer funktioniert nur mit Heizmatten und

Für Einsteiger in die Bartagamen-Pflege sind Pflanzen aus Kunststoff besser geeignet als echte.

Heizkabeln und mit Strahlern ohne Vorschaltgerät oder Trafo. Für Leuchtstofflampen gibt es spezielle, elektronisch geregelte Dimmer, von denen manche sogar Sonnenauf- und Sonnenuntergang simulieren können, wobei sie die Lichtabgabe der Leuchtstoffröhren kontinuierlich von der Aus-Stellung auf volle Leistung anheben. Alle Dimmer können nur bis zu einer bestimmten Leistungsobergrenze (Angabe in Watt) belastet werden. Achten Sie stets darauf, dass die Herstellerangaben nicht überschritten werden. Wenn man einen Strahler gleichzeitig mit Dimmer und Thermostat betreiben möchte, muss der Dimmer den beiden Geräten zwischengeschaltet werden.

Fragen zu
Kauf, Bau und Einrichtung des Terrariums

? **Ich habe gelesen, dass Holzterrarien giftige Dämpfe abgeben. Stimmt das?**
Span- und OSB-Platten werden aus Holzspänen gepresst. Als Bindemittel dient überwiegend Kunstharz, das Formaldehyd enthält. Diese Chemikalie dünstet aus, besonders an den Schnitt- und Bohrstellen. In Deutschland dürfen nur Spanplatten verkauft werden, bei denen ein bestimmter, unbedenklicher Formaldehydwert nicht überschritten wird. Diese Platten werden im Übrigen auch im Möbelbau und für den Innenausbau im Haus verwendet. Nur wenige Spanplatten-Produzenten verwenden andere Bindemittel. In einem Terrarium ist die Ausdünstung allerdings sehr gering, da alle Platten beschichtet sind und ihre Stoßkanten mit Silikon abgedichtet werden. Wer jedoch die geringe Belastung mit Formaldehyd völlig vermeiden möchte, muss vom Holz- auf ein Glasterrarium umsteigen.

? **In meinem Terrarium ist es sehr hell. Kann das grelle Licht die Augen der Bartagamen schädigen?**
Wenn man die Lichtverhältnisse in freier Natur zum Vergleich heranzieht, kann es in einem Terrarium praktisch nie zu hell sein. Den grellen Eindruck hat man meist dann, wenn das Terrarium in einem dunkleren Zimmer steht. Stellt man es jedoch in die pralle Sonne, erscheint die Beleuchtung eher schwach. In tropischen Regionen misst man beim Sonnenhöchststand Werte von weit über 100.000 Lux. Eine Leuchtstoffröhre mit Reflektor liefert selbst auf kurze Distanz nicht mehr als ein paar Tausend Lux.

? **Was ist besser: die Tiere mit UV-Licht bestrahlen oder Vitamine und Mineralstoffe füttern?**
Für die Bartagamen ist das UV-Licht sehr wichtig. Ihr Organismus ist darauf ausgerichtet, wie man an den wild lebenden Tieren sieht, die in ihrer australischen Heimat oft stundenlang in praller Sonne sitzen. Auch die Terrarienbewohner brauchen UV. Sie fressen und wachsen dann besser, und sind insgesamt agiler. Die UV-Bestrahlung schützt vor stoffwechselbedingten Knochenerkrankungen wie Rachitis. In freier Natur fressen Bartagamen Futtertiere und Pflanzen, die für sie einen optimalen Vitamin- und Nährstoffgehalt haben. Ein ähnlich hochwertiges Futter können wir Terrarientieren nicht bieten. Mit Vitamin-Mineralstoffpräparaten gleicht man die Defizite aus. Sie enthalten alle wichtigen Vitamine und Mineralstoffe, bieten also mehr als nur die Versorgung mit Vitamin D_3 über die UV-Bestrahlung. Für Pflege und Gesunderhaltung der Bartagamen sind Vitamine, Mineralstoffe und die UV-Bestrahlung gleichermaßen wichtig. Vitaminpräparate dürfen nicht überdosiert werden. Achten Sie auf die Herstellerangaben.

Darf ich Wurzeln aus dem Wald im Terrarium verwenden?

Das ist durchaus möglich. Allerdings haben alte und faulende Wurzeln oft sehr viele Untermieter. Das sind Kleinstlebewesen, die sich von Holz ernähren. Wenn Sie auf Nummer sicher gehen wollen, dann legen Sie die Wurzeln für einige Wochen an einen trockenen und warmen Platz oder für kurze Zeit bei hoher Temperatur in den Backofen. Dabei sterben die meisten Bewohner ab. Achten Sie beim Sammeln darauf, dass die Wurzeln noch nicht zu verfault sind, weil sie sonst im Becken schnell zerfallen. Weiche und faule Teile sollte man sofort entfernen.

Lohnt es sich, ein Terrarium und das ganze Zubehör auf einer Reptilienbörse zu kaufen?

Die Angebote auf der Börse sind meist günstig, da die Händler geringere Betriebskosten haben, zum Beispiel weil die Ladenmiete entfällt.

Auf der anderen Seite ist Ihr Zoofachhändler vor Ort ein kompetenter Ansprechpartner, der jederzeit für Sie da ist, nicht nur zweimal im Jahr wie der Verkäufer auf der Börse. Und er hilft im Garantiefall meist schneller und unkomplizierter.

Soll ich auf Pflanzen im Terrarium lieber verzichten?

Für das trocken-heiße Klima im Bartagamen-Terrarium kommen Dickblattgewächse (Sukkulenten) wie Aloe und Sanseverien in Frage. Die Echsen brauchen aber keine Pflanzen, um sich wohlzufühlen. Fast alle Gewächse werden angefressen, ausgegraben oder als Aussichtsplatz zweckentfremdet und sind schon nach kurzer Zeit kein schöner Anblick mehr. Wenn Sie aber unbedingt etwas Grün im Terrarium haben wollen, müssen die Pflanzen meist regelmäßig ersetzt werden. Inzwischen gibt es künstliche Pflanzen, die man kaum von echten unterscheiden kann.

Kann ich mein altes, zwei Meter breites Aquarium zum Terrarium für Bartagamen umbauen?

Das ist nicht sehr sinnvoll. Ein solches Becken ist meist nur 60 cm tief und hoch. Für *Pogona vitticeps,* die Gewöhnliche Bartagame, ist das viel zu klein. Eventuell eignet es sich für die kleinere *Pogona henrylawsoni,* Lawsons Bartagame. Oder Sie nutzen es als Aufzuchtterrarium. Dann muss man aber einen großen Bereich absperren, damit die Jungtiere ihre Futtertiere finden. Doch ein ehemaliges Aquarium hat viele Nachteile: Wegen seiner Abmessungen wirkt die Einrichtung wenig attraktiv. Und das Becken lässt sich ausschließlich von oben bedienen, was Ihnen auf Dauer bestimmt keinen Spaß machen wird. Weil dabei jedesmal die Lampen und Heizstrahler entfernt werden müssen, geraten die Tiere schnell in Aufregung, besonders wenn dabei die Hand des Pflegers von oben ins Terrarium greift.

Kauf und Eingewöhnung

Zutraulichkeit und niedliches Aussehen verführen bei jungen Bartagamen häufig zum Spontankauf. Doch die Anschaffung muss gut überlegt sein, um auf Dauer Freude an den Tieren zu haben.

Wichtige Überlegungen vor dem Kauf

Sie möchten gerne Reptilien halten? Dann sollten Sie sich die Entscheidung nicht leicht machen: Terrarien brauchen Platz, Anschaffung und Unterhalt kosten Geld, Zeit und Geduld müssen Sie für Ihr neues Hobby natürlich auch investieren.

HERZ UND VERSTAND sind gefragt. Ein Terrarium bereitet viel Freude. Doch Anschaffung und der Unterhalt über viele Jahre kosten Geld, und auch der zeitliche Aufwand für die Pflege ist nicht gering. Die Entscheidung fürs Terrarium sollte daher unter Abwägung aller Vor- und Nachteile und immer von der ganzen Familie getroffen werden.

Ist die ganze Familie einverstanden?

Bartagamen erreichen mit oft zehn Jahren und mehr ein vergleichsweise hohes Lebensalter. Während dieser Zeit müssen sie regelmäßig betreut und versorgt werden. Wie bei jedem Heimtier verlangt ihre Haltung Kompromisse und führt zu Veränderungen im Tagesablauf. Alle Familienmitglieder müssen sich darüber im Klaren sein, dass die Haltung der Reptilien nicht nur positive Seiten hat, sondern auch einen nicht zu unterschätzenden finanziellen und zeitlichen Aufwand mit sich bringt. Hat ein Familienmitglied Angst vor den Echsen oder ekelt es sich vor den Futtertieren, belastet das den Familienfrieden und kann allen die Freude am Terrarium nur zu schnell verleiden.

Wie teuer ist die Bartagamen-Haltung?

Neben den Anschaffungskosten für das komplette Terrarium und die Tiere müssen laufende Ausgaben für Futter, Strom, den Ersatz von Leuchtmitteln und UV-Lampen sowie eventuelle Tierarztbesuche berücksichtigt werden.

Fixkosten

Tierkauf Für erwachsene weibliche Bartagamen muss man 100–150 Euro bezahlen, für Jungtiere 20–40 Euro. Männchen kosten weniger. Bei Farbbartagamen (→ Seite 114) variieren die

Große Klappe, ▶ großer Hunger: Alle Bartagamen können ohne Probleme Beutetiere vertilgen, die halb so groß sind wie sie selbst. Auch vor kleineren Artgenossen machen sie nicht halt.

◀ *Viel Frischluft und Sonne: Im Sommer fühlen sich die Bartagamen im Freiland-terrarium besonders wohl. Hier zeigen sie dann oft auch Verhaltensweisen, die man von ihnen bei reiner Wohnungshaltung selten oder gar nicht sieht.*

Preise je nach Farbvariante und Alter zwischen 50 und mehr als 1000 Euro. Für seltene und neue Farben muss man besonders tief in die Tasche greifen.

Terrarium Terrarien für ausgewachsene *P. vitticeps* kosten – je nach Material und Ausführung – 300–500 Euro, für die kleineren *P. henrylawsoni* 250–300 Euro. Weit günstiger stehen Sie sich mit einem selbst gebauten Terrarium (→ Seite 34). Im Internet und in Tageszeitungen wer-

den regelmäßig gebrauchte Terrarien angeboten. Gegen deren Kauf spricht nichts, wenn sie die eigenen Vorstellungen erfüllen und den Ansprüchen ihrer zukünftigen Bewohner gerecht werden. Das Secondhand-Becken muss vor der Inbetriebnahme innen und außen desinfiziert werden. Relativ preiswert sind Aufzuchtterrarien für die Jungtiere: Ein 60 cm langes Glasterrarium kostet ca. 100 Euro, ein einfaches Aquarium dieser Größe 40 Euro.

Zweitterrarium Den Kauf eines zweiten kleinen Terrariums oder weiterer Aufzuchtbecken sollten Sie von Anfang an einkalkulieren. Das ist nötig, falls sich eine Bartagame verletzt oder krank wird und von den anderen getrennt werden muss. Da das meist nur für kurze Zeit passiert, reicht ein kleineres Becken aus. Die Preise liegen etwa bei der Hälfte des Hauptterrariums.

Elektrische Geräte Für Beleuchtung und Heizung muss man 200–400 Euro investieren, bei großen Terrarien auch mehr. Die Beleuchtungskosten hängen

TIPP

Entscheidungshilfe

Wenn Ihre Familie noch nie eine Bartagame gesehen hat, fällt es schwer, sich eine Vorstellung von den Tieren zu machen. Besuchen Sie gemeinsam einen Halter oder Züchter. Mit den Agamen und dem Terrarium vor Augen fällt die Entscheidung leichter. Und auch das Gespräch mit dem Halter liefert wichtige Informationen.

vom Lampentyp und ihrer Anzahl ab, die sich wiederum nach der Größe des Beckens richtet. T5-Leuchtstofflampen mit Röhre und Reflektor kosten etwa 50 Euro, HQI-Komplettsets gibt es ab 120 Euro, die Ultra-Vita-Lux-UV-Lampe von Osram für 50 Euro. Kaufen Sie keine gebrauchten Elektrogeräte: Da Leuchtmittel schnell altern, müssen sie regelmäßig ersetzt werden, und auch die Sicherheit der Geräte ist nicht gewährleistet.

Einrichtung Terrarien-Inventar ist nicht billig: Eine fertige Rückwand kann 300 Euro und mehr kosten. 25 kg einfacher weißer Terrariensand kosten 20 Euro, feiner Aquariensand die Hälfte. Für ein Terrarium mit 180 x 70 cm Grundfläche braucht man mindestens 50 kg.

Laufende Kosten

Leuchtmittel Die Leuchtmittel der HQI-, Leuchtstoff- und UV-Lampen müssen jährlich ersetzt werden. Leuchtstoffröhren kosten 5–30 Euro, Strahler für HQI-Lampen und UV 50 Euro.

Stromkosten Die Stromkosten sind nicht unerheblich. Die Elektrik eines großen Terrariums bringt es auf etwa 300 Watt Leistung. Bei 15 Cent pro kWh (Kilowattstunde) summiert sich das im Monat auf 13,50 Euro.

Futtertiere 30 Heimchen kosten etwa 2,50 Euro, zehn Heuschrecken oder Schaben 4 Euro. Heimchen, Grillen und Heuschrecken gibt es in preisgünstigen Großpackungen zu 500 und 1000 Stück. Im Abo spart man zusätzlich. Der Futterbedarf der Echsen hängt von Größe, Geschlecht, Trächtigkeit und Temperatur ab. Pro Woche vertilgt eine Agame Futtertiere für 10 Euro und mehr.

Kotprobe Kotuntersuchungen kosten je nach Analyse-Aufwand zwischen 10 und 50 Euro, in der Regel 20–25 Euro.

CHECKLISTE

Richtig versorgt im Urlaub

Mit dieser Checkliste gehen Sie bei der Urlaubsbetreuung auf Nummer sicher und können entspannt in die Ferien fahren.

○ Sichtkontrolle: Sind die Tiere munter, haben sie einen guten Appetit und bewegen sie sich normal?

○ Erwachsene Bartagamen alle zwei bis drei Tage füttern, Jungtiere täglich

○ Wöchentlich Futtertiere kaufen und Grünfutter besorgen. Wochenrationen vorher beim Zoofachhändler bestellen.

○ Futtertiere mit Grünfutter versorgen

○ Wassergefäß gründlich reinigen, bei starker Verschmutzung desinfizieren

○ Kot möglichst sofort entfernen. Für jedes Terrarium einen extra Kotlöffel benutzen.

○ Beleuchtung, Heizstrahler und Zeitschaltuhr auf Funktionstüchtigkeit prüfen

○ Terarrienbewohner zweimal wöchentlich mit UV-Licht bestrahlen

○ Eventuell abgelegte Eier in vorbereiteten Brutkasten überführen

○ Ersatzlampen für Beleuchtung und Heizstrahler bereitlegen

○ Eigene Handy-Nummer und Adressen von Tierarzt und Zoofachhändler hinterlassen

Das muss man bei der Haltung beachten

Tiere im Haus erfordern Kompromisse und verändern den gewohnten Tagesablauf. Der Verantwortung für Pflege und Versorgung kann sich der Halter nicht entziehen. Einsteiger in die Terraristik sollten sich vor dem Kauf mit folgenden Punkten auseinandersetzen:

bietet sich der Heizungskeller an. Die Unterbringung der Futtertiere außerhalb der Wohnräume verhindert auch Lärm- und Geruchsbelästigungen.

Separates Terrarienzimmer Bei vielen Terrarianern kommt bald der Wunsch auf, sich weitere Terrarien zuzulegen. Ein eigenes Terrarienzimmer ist jetzt die beste Lösung. Das gilt auch, wenn ein Familienmitglied auf Distanz zu den Reptilien bleiben will. Eventuell weicht man dann in einen separaten Raum im Keller oder auf dem Speicher aus.

WUSSTEN SIE SCHON, DASS …

… viele Tiere falsch ernährt werden?

Überfütterung ist einer der häufigsten Fehler bei der Ernährung der Bartagamen. Die anfangs tägliche Fütterung der Jungtiere mit Insekten muss mit zunehmendem Alter reduziert werden. Der stetig größere Anteil an Grünfutter und regelmäßige Fastentage beugen einer Fettleber vor. Folgen einer Eiweißüberversorgung sind auch Gicht und Nierenschäden. Diese Erkrankungen werden durch ungenügende Trinkwasseraufnahme noch gefördert.

Platzbedarf Die Jungtiere beim Zoofachhändler sind klein und niedlich und brauchen nur ein Mini-Terrarium. Doch Bartagamen wachsen schnell und müssen dann in ein großes Becken umziehen, für das nicht immer und überall Platz ist. Klären Sie vor dem Tierkauf im Kreis Ihrer Familie, wo das Terrarium stehen soll. Ebenfalls einplanen müssen Sie ein zweites Terrarium für Notfälle und eine Ecke für die Futtertiere. Am besten eignet sich dafür die Garage oder ein kühler Keller. Die eigene Futtertierzucht braucht hingegen Wärme. Hier

Geruchsbelästigung Bartagamen und die meisten Futtertiere haben keinerlei Eigengeruch. Lediglich Schaben duften leicht »chemisch«. Je nach Futter riecht jedoch der Kot der Echsen oft sehr unangenehm. Deshalb müssen Kothaufen mitsamt dem umgebenden Bodengrund sofort entsorgt werden. Der jährlich zweimalige Wechsel des Bodengrunds hilft mit, üble Gerüche zu vermeiden.

Lebendfutter Bartagamen ernähren sich von lebenden Futtertieren. Wer Angst vor Insekten hat oder sich ekelt, wenn eine Bartagame Futtertiere frisst,

Bartagamen sind unkompliziert. Trotzdem muss man sie **täglich pflegen** und ihr **Terrarium reinigen,** um Krankheiten und Mangelerscheinungen zu verhindern.

muss auf die Haltung der Reptilien verzichten. Vegetarisch ernähren kann man die Echsen nicht. Es kommt vor, dass ein Heimchen aus seiner Box entweicht, sich dann irgendwo in der Wohnung verkriecht und nachts laut zirpt. Auch dieser Fall erfordert viel Toleranz von der ganzen Familie.

Mietvertrag In vielen Mietverträgen gibt es eine Klausel, die die Haltung von Haustieren verbietet. Die Regelung gilt nicht für Tiere, die in Käfigen, Aquarien und Terrarien leben. Allerdings kann es mietrechtliche Konsequenzen haben, wenn sich andere Mieter durch Lärm, Gerüche, entlaufene Terrarienbewohner oder Futtertiere belästigt fühlen.

Haftpflicht Einige Hausratversicherungen decken auch Schäden ab, die beim Betrieb von Aquarien und Terrarien verursacht werden. Mitglieder eines Vereins, der dem VDA (Verband Deutscher Vereine für Aquarien- und Terrarienkunde e. V., → Anhang, Seite 141) angeschlossen ist, sind – wie auch Mitglieder des VDA selbst – über den Jahresbeitrag haftpflichtversichert.

Urlaubsbetreuung Pflegepersonen, die im Urlaub oder bei Krankheit die Versorgung Ihrer Bartagamen übernehmen, sollten möglichst Kenntnisse im Umgang mit Reptilien haben. Unerfahrene Betreuer müssen Sie auf jeden Fall vorher mit ihren Aufgaben und eventuellen Problemsituationen vertraut machen. Schildern Sie die Eigenheiten der Bartagamen und Symptome, auf die man achten muss, um eine Erkrankung frühzeitig zu erkennen. Erklären Sie Funk-

tion und Einstellung der elektrischen Geräte. Ersatzstrahler für Beleuchtung und Heizung müssen parat liegen. Den wöchentlichen Futtertierkauf bei Ihrem Händler sollten Sie so regeln, dass der Betreuer die Futtertiere nur abholen muss. Erstellen Sie zusätzlich eine Liste mit allen wichtigen Pflegeanweisungen (→ Checkliste, Seite 55). Auf ihr steht auch die Adresse Ihres Tierarztes und die Telefonnummer eines erfahrenen Terrarianers, der im Notfall einspringt. Wochenendreisen oder Kurzurlaube bis zu zehn Tagen stellen für erwachsene Bartagamen kein Problem dar. Ihr Organismus verkraftet solche Fastenzeiten problemlos. Die Versorgung mit Trinkwasser hingegen muss gewährleistet sein. Für die Dauer Ihrer Abwesenheit kann die Terrarientemperatur um 5 °C

Die Färbung dieser jungen Farbbartagame wird im Laufe der Zeit noch intensiver.

Typische Verhaltensweisen

▶ **1** **Dominanz** Das linke Tier unterstreicht seine Vormachtstellung durch die Haltung des Körpers sowie durch Kopfnicken und die schwarz gefärbte Kehle.

▶ **2** **Demutsgeste** Langsames Drehen des erhobenen Vorderbeins (»Ärmchendrehen«) ist eine typische Geste unterlegener Tiere.

▶ **3** **Kampfaufgabe** Durch »Ärmchendrehen« werden weitere Aggressionshandlungen des überlegenen Artgenossen gestoppt.

abgesenkt werden. Dadurch verlangsamen sich Stoffwechselaktivität und Nahrungsbedarf der Agamen. Trächtige Weibchen, junge und kranke Tiere müssen jedoch regelmäßig gefüttert werden. Keinerlei Probleme bereitet ein Winterurlaub – vorausgesetzt, die Winterruhe der Tiere fällt genau in diese Zeit.

▶ Manche Zoofachhändler bieten eine Urlaubsbetreuung an. In der Regel müssen Sie dazu Ihre Tiere und das Terrarium zum Händler bringen.

Artenschutz Australien hat die Ausfuhr von Bartagamen untersagt. In Deutschland steht keine Bartagamen-Art unter Schutz, Haltung und Handel sind nicht reglementiert. Eine Meldepflicht gibt es ebenfalls nicht.

Kinder und Bartagamen

Wenn Sie Kinder haben, müssen Sie die Elektrik des Terrariums besonders gut sichern. Die Terrarienscheiben sollten mit einem Schloss versehen sein. Auch kleineren Kindern kann man verständlich machen, dass Reptilien kein Spielzeug sind und höhere Pflegeansprüche als Hund und Katze stellen. Je nach Alter dürfen die Kinder bei der Pflege nur zusehen oder bereits assistieren. Viele biologische Zusammenhänge können sie jedoch noch nicht verstehen. Und selbst wenn Ihre Kinder Pflege und Fütterung allein übernehmen (→ Eltern Extra, Seite 92), müssen Sie nach wie vor alle Tätigkeiten kontrollieren. Eine Haftpflichtversicherung (→ Seite 57) sollten Sie auf jeden Fall abschließen.

Wo erfahre ich mehr über Reptilien?

Bevor Sie Terrarium, Einrichtung und Tiere kaufen, sollten Sie sich umfassend über die Terraristik im Allgemeinen und die Pflegeansprüche der Bartagamen im Besonderen informieren. Mit dem nötigen Grundwissen und dem Erfahrungsaustausch mit anderen Reptilienhaltern lassen sich viele Probleme vermeiden, bevor sie überhaupt entstehen.

Fachliteratur Es gibt viele allgemeine Praxisführer für Terrarianer und auch über Bartagamen kann man sich heute ausgiebig informieren. Lesen Sie ruhig mehrere Bücher, da nicht jeder Autor die gleichen Erfahrungen gemacht hat.

Terrarienmagazine In Fachzeitschriften findet man regelmäßig Artikel, die sich mit der Pflege, Fütterung und Gesunderhaltung der Bartagamen befassen.

Internet Im Internet stellen viele private Halter ihre Bartagamen und ihre Zucht vor und bieten Nachzuchten an. Da die Beiträge keiner Kontrolle unterliegen, sollten Sie die Informationen zumindest kritisch betrachten. In Internetforen kann man sich mit anderen Reptilienhaltern austauschen. Hier fungiert die große Zahl der Mitglieder als Kontrollinstanz, Fehlinformationen werden meist umgehend korrigiert.

▸ Unter www.dghtserver.de/foren, dem Forum der DGHT (→ Anhang, Seite 141), betreuen erfahrene Moderatoren die Unterforen, darunter auch das Forum zur Bartagamen-Haltung.

Terrarienvereine Der unschätzbare Vorteil eines Vereins: Sie lernen viele Gleichgesinnte kennen, können sich die Terrarienanlagen anderer Vereinsmitglieder anschauen und sich gegenseitig Hilfestellung leisten. Hier finden Sie auch die kompetente Urlaubsbetreuung für Ihre Agamen, können Nachzuchten kaufen oder bei Bedarf Zuchttiere austauschen, um eventuelle Inzuchtrisiken (→ Seite 116) zu vermeiden.

> **TIPP**

Ihre persönliche To-do-Liste

Am Anfang Ihrer Terrarianer-Karriere werden Sie mit vielen neuen Aufgaben und verwirrenden Informationen konfrontiert. Nur zu leicht verliert man da den Überblick. Legen Sie eine Liste mit den wichtigsten Pflege- und Kontrollaufgaben an. Schon bald haben Sie so viel Routine, dass Sie ohne die Liste auskommen.

Zoofachhändler Ihr Fachhändler ist eine unverzichtbare Informationsquelle. Er hat Ihnen Terrarium, Zubehör und Tiere verkauft und hilft Ihnen daher bei Fragen gern weiter und informiert Sie über Neuheiten. Einige Zoofachhändler bieten kostenlose Schulungen für Anfänger an, wo auch spezielle Probleme in der Gruppe besprochen werden.

> Bartagamen sind wie alle Reptilien **keine Kuscheltiere.** Anfassen bitte nur, wenn unbedingt nötig.

Sind Bartagamen ein Gesundheitsrisiko?

Auch Bartagamen können trotz bester Pflege krank werden. Häufig sind Endoparasiten wie Würmer und Kokzidien die Krankheitsursache (→ Seite 130 ff.). Kokzidien sind wirtsspezifisch und führen nur bei einer Tierart oder -gattung

zur Erkrankung, einige Parasiten – meist Würmer – können auf den Menschen übertragen werden. Sorgfältige Hygiene minimiert das Infektionsrisiko:
- ▸ Regelmäßige Kotuntersuchungen, zweimal jährlich oder bei Krankheitsverdacht, informieren zuverlässig über den Parasitenstatus.
- ▸ Neu gekaufte Bartagamen kommen in Quarantäne (→ Seite 132).
- ▸ Waschen Sie sich nach dem Hantieren im Terrarium und mit den Tieren die Hände mit Seife. Beim Umgang mit kranken Tieren benutzt man zusätzlich ein Handdesinfektionsmittel.
- ▸ Krankheitserreger werden über den Kot der Echsen ausgeschieden. Entfernen Sie alle Hinterlassenschaften möglichst sofort mitsamt dem umgebenden Bodengrund.
- ▸ Der Bodengrund sollte zweimal im Jahr vollständig erneuert werden, oder immer dann, wenn er stark verschmutzt ist und zu riechen beginnt.
- ▸ Setzen Sie nie Futtertiere von einem Terrarium ins andere, da Futtertiere Krankheiten übertragen können.
- ▸ Beschränken Sie den direkten körperlichen Umgang mit den Bartagamen auf unbedingt nötige Kontakte.
- ▸ Lassen Sie Kinder nur unter Ihrer Aufsicht am Terrarium hantieren.

Allergien

Die Reptilien selbst lösen beim Menschen nur selten allergische Reaktionen aus. Häufiger können Allergien gegen Futtertiere wie Heuschrecken und Heimchen auftreten. Kommt es dabei nur bei einer Futtertierart zur Allergie, kann man auf ein anderes Lebendfutter ausweichen. Rein vegetarisch lassen sich Bartagamen allerdings nicht ernähren.

Sonne satt: Die halbwüchsige Farbbartagame nimmt ein Sonnenbad im Freilandterrarium.
▼

Der Kauf der Bartagamen

Als Einsteiger in die Welt der Bartagamen sollten Sie mit einem Einzeltier starten. Bei der Gruppenhaltung können Probleme auftreten, die einen unerfahrenen Pfleger überfordern. Die Solohaltung ist artgerecht, da Bartagamen Einzelgänger sind.

BARTAGAMEN werden heute in fast unüberschaubarer Zahl nachgezogen und zum Kauf angeboten. Speziell für Einsteiger ist es nicht leicht, die richtige Wahl zu treffen. Nicht selten kollidieren auch die eigenen Vorstellungen mit den realisierbaren Haltungsbedingungen.

Der Probelauf der Terrarien ist Pflicht

Bevor die Bartagamen ins Haus kommen, muss das Terrarium eingerichtet und gebrauchsfertig sein. Das gilt sowohl für das Hauptterrarium wie fürs Quarantäne-Becken. Zwischen Fertigstellung des Terrariums und Tierkauf sollte genug Zeit liegen, um Terrarium und Technik einem ausgiebigen Probelauf zu unterziehen. Mindestens eine Woche ist nötig, um mögliche Schwachstellen wie falsches Klima ausfindig zu machen und zu beheben. Die Bedingungen beim Probelauf müssen denen des späteren Betriebs entsprechen. Auf die folgenden Punkte sollten Sie achten:

Prima Klima Wie hoch ist die Grundtemperatur (→ Seite 39) im Terrarium? Bei 25–30 °C fühlen sich Bartagamen wohl. Bei zu hohen Temperaturen muss die Heizung heruntergefahren oder die Lüftung intensiviert werden. Ist es zu kühl im Becken, können ein stärkerer Heizstrahler und eine Bodenheizung Abhilfe schaffen. Die Lüftung auf geringeren Durchsatz zu stellen, empfiehlt sich nicht, da Bartagamen viel frische Luft brauchen.

Sonnenplatz Die richtige Temperatur am Sonnenplatz (→ Seite 39) beträgt 45–50 °C. Ist sie zu niedrig, sollte man stärkere Strahler verwenden oder den Abstand zur bestrahlten Fläche verringern. Die Strahler müssen allerdings immer außerhalb der Reichweite der Bartagamen hängen. Ist die Temperatur zu hoch, muss der Abstand des Strahlers vergrößert oder sein Einfallswinkel flacher eingestellt werden. PAR-Strahler lassen sich auch dimmen. Bei mehreren Sonnenplätzen bietet man den Echsen verschiedene Temperaturzonen an.

TIPP

Aufzuchtprobleme vermeiden

Aufzuchtterrarien, die komplett eingerichtet und in mehrere Bereiche aufgeteilt sind, fördern die Revierbildung und steigern so den Druck auf die schwächeren Tiere. Besser ist ein nur spärlich ausgestattetes Becken. Ein bis zwei Sonnenplätze mit zwei Steinen und ein Kletterast reichen für die Jungtiere völlig aus.

MEIN HEIMTIER

So testen Sie den Verkäufer

Als unerfahrener Reptilienfreund weiß man meist nicht, wo man seine Bartagamen kaufen soll. Die folgenden Testfragen können Ihnen helfen, einen sachkundigen und gewissenhaften Verkäufer von einem weniger seriösen zu unterscheiden.

Der Test beginnt:

○ Sind alle Tiere des Verkäufers gut genährt, munter und neugierig?
○ Haben die Bartagamen etwa die gleiche Körpergröße?
○ Werden im Verkaufsterrarium ausschließlich Bartagamen gehalten?
○ Machen die Terrarien einen gepflegten Eindruck? Sind Futter- und Trinkgefäße sauber?
○ Gibt Ihnen der Verkäufer bereitwillig Auskunft über Haltung und Pflege der Tiere?

Mein Testergebnis:

Temperaturgefälle Im Terrarium der Bartagamen sollten nicht überall gleiche Temperaturen herrschen. Empfehlenswert ist ein Temperaturgefälle von der einen zu anderen Seite. Erreicht werden die Temperaturunterschiede, wenn man die Heizelemente lediglich an einer Seite des Beckens installiert – ein ausreichend breites Terrarium vorausgesetzt. Am kühlsten Punkt werden dann in Bodennähe knapp 20 °C gemessen. Die Echsen brauchen die Abkühlung ab und zu und suchen diesen Platz regelmäßig auf.

Lüftung Gute Belüftung spielt bei der Haltung von Bartagamen eine zentrale Rolle. Wichtig ist der großflächige und zugfreie Luftaustausch, der durch Ab- und Aufdecken der Belüftungsfläche im Terrariendeckel erreicht wird.

▶ Testen können Sie die Lüftung, indem Sie Zigarettenrauch ins leere Terrarium blasen. Er sollte nach spätestens zehn Minuten verschwunden sein.
▶ Die Temperatur in offenen Aquarien, wie sie zur Aufzucht der Jungtiere verwendet werden, lässt sich allein über den Heizstrahler und durch teilweises Abdecken des Beckens regeln.

Zeitschaltuhr und Dimmer Überprüfen Sie, ob die Zeitschaltuhr zu den vorgewählten Zeiten ein- und ausschaltet und der Dimmer zuverlässig arbeitet.

Schutz vor Sonne Bartagamen lieben die Sonne. Doch bei direkter Sonneneinstrahlung heizt sich das Terrarium schnell auf und den Bewohnern droht Überhitzung. Wählen Sie in diesem Fall einen anderen Terrarienstandort.

Schau- oder Zuchtterrarium?

Wenn Ihr Terrarium im Wohnzimmer steht, soll es nicht nur die Bedürfnisse seiner Bewohner erfüllen, sondern auch ein Schmuckstück der Wohnung sein und ästhetischen Gesichtspunkten genügen. Entsprechend viel Mühe muss man sich bei der Einrichtung des Schauterrariums machen. Ein Zuchtterrarium wird hingegen meist in einem Terrarienzimmer oder einem anderen ruhigen Platz aufgestellt. Die Einrichtung ist einfach und funktional. Wichtig sind vor allem Übersichtlichkeit und Hygiene.

Welche Bartagame kaufen?

Der Fachhandel bietet nur die beiden Bartagamen-Arten *Pogona vitticeps* und *Pogona henrylawsoni* an. Jede Art hat bestimmte Vorzüge.

Klein oder groß? *P. vitticeps* wird in Deutschland mit Abstand am häufigsten gehalten. Die Tiere werden sehr zutraulich und kosten nur etwa die Hälfte der Schwesterart. *P. vitticeps* gibt es in vielen Farbformen. *P. henrylawsoni* ist viel kleiner als *P. vitticeps* und kommt folglich auch mit einem kleineren Terrarium aus. Die Tiere werden nicht ganz so zutraulich. In ihren Pflegeansprüchen unterscheiden sich die beiden Arten aber kaum. Der finanzielle Aufwand ist bei *P. henrylawsoni* etwas niedriger. Farbbartagamen (→ Seite 114) sind in der Anschaffung meist deutlich teurer als normale Tiere. Auch ihre Haltung ist schwieriger, da viele Farbvarianten empfindlicher sind als ihre Stammform.

Einzeltier oder Gruppe? *P. vitticeps* und *P. henrylawsoni* können allein schon wegen des erheblichen Größenunterschieds nicht gemeinsam im Terrarium

gehalten werden. Dabei würde man auch eine unerwünschte Vermischung der Arten (Bastardisierung) riskieren.

▶ Geschlechtsreife Männchen dürfen ebenfalls nicht zusammenleben, da sie sich attackieren und es zu ernsthaften Verletzungen kommen kann. Selbst die halbwüchsigen Männchen reagieren bereits sehr aggressiv.

> **Bartagamen geht es am besten, wenn sie einzeln gehalten werden. Sie leben so auch länger.**

▶ In der Natur leben Bartagamen einzelgängerisch und suchen nur zur Paarung einen Partner. Im Terrarium geht es einzeln lebenden Tieren am besten und sie werden älter als ihre vergesellschafteten Artgenossen. Man vermeidet so auch Probleme, die bei Gruppenhaltung entstehen können.

Bei der artgerechten Aufzucht junger Bartagamen gibt es nur selten gesundheitliche Probleme.
▼

▸ Wenn Sie mehr als ein Tier pflegen wollen, empfiehlt sich eine Gruppe mit vier oder fünf Tieren. Mögliche Aggressionen verteilen sich hier auf mehrere Köpfe. Bei der Haltung von nur zwei Tieren unterdrückt das stärkere seinen Mitbewohner oft so stark, dass der sich nicht richtig entwickeln kann. Aus Unkenntnis halten leider

Für die Einzelhaltung ist ein **Männchen besser** geeignet als ein Bartagamen-Weibchen.

immer noch viele Echsenbesitzer erwachsene Bartagamen paarweise.

Weibchen oder Männchen? Wenn Sie ein Einzeltier kaufen möchten, und die Tiere sind bereits so alt, dass man ihr Geschlecht gut erkennen kann (→ Foto, Seite 103), sollten Sie sich für ein Bartagamen-Männchen entscheiden. Allein

---

Jede Bartagame hat ihre Vorzugssonnenplätze, die sie im Laufe des Tages wiederholt aufsucht.

▼

gehaltene Weibchen können unbefruchtete Gelege produzieren und haben dann nicht selten erhebliche Probleme bei der Eiablage.

Inzucht vermeiden *P. vitticeps* und *P. henrylawsoni* werden bei uns seit vielen Generationen nachgezüchtet, ohne dass eine Auffrischung der Blutlinien durch Wildfänge möglichst ist. Inzucht kann bei Bartagamen zu ernsten Gesundheitsproblemen wie Missbildungen oder Zwergenwuchs führen. Um eine Inzucht zu vermeiden, sollten Sie Ihre Tiere bei verschiedenen Züchtern kaufen und darauf achten, dass die Echsen nicht von Elternpaaren abstammen, die miteinander verwandt sind. Im Zweifelsfall kann man geschlechtsreife Tiere vor Zuchtbeginn auch mit denen anderer Halter austauschen.

▸ Bei den anderen Bartagamen-Arten, zum Beispiel *Pogona mitchelli*, die hierzulande kaum angeboten werden, können die Züchter Inzucht nicht vermeiden.

Das beste Alter für den Kauf Für Einsteiger in die Reptilienhaltung sind sehr junge Bartagamen nicht geeignet. Am unkompliziertesten ist die Haltung halb erwachsener Echsen, bei *P. vitticeps* sind das Tiere mit einer Gesamtlänge von 25–30 cm, bei *P. henrylawsoni* von 15 cm. In diesem Alter haben die Bartagamen die schwierigste Aufzuchtzeit bereits hinter sich, sind gleichzeitig aber noch nicht so groß, dass sie den noch unerfahrenen Terrarianer abschrecken können. Bei vielen Erstbesitzern hält sich leider hartnäckig die Vorstellung, dass die älteren Tiere nicht mehr so zutraulich werden wie junge. Das stimmt aber überhaupt nicht. Auf keinen Fall sollten Sie Nachzuchten kaufen, die noch nicht einmal vier Wochen alt sind. Diese sehr

2 **Eine Frage des Vertrauens** Wenn die Bartagamen an ihre Pfleger gewöhnt sind, akzeptieren sie auch den direkten Kontakt und ruhen sich gern auf der für sie angenehm warmen Haut des Menschen aus.

▼

▲

1 **Richtig hochheben** Vorsichtig wird die Hand unter den Körper der Echse geschoben, der Daumen sichert leicht von oben.

▲

3 **Sicher tragen** Zur Sicherheit wird die Agame beim Tragen behutsam mit beiden Händen fixiert, ohne dabei Druck auszuüben.

jungen Agamen reagieren ausgesprochen empfindlich und verzeihen Pflegefehler nicht. Einsteiger sind mit den zwangsläufig auftretenden Problemen schnell überfordert.

In welcher Jahreszeit kaufen? Bartagamen halten eine Winterruhe, die gleichzeitig auch der Auslöser für die Fortpflanzung ist. Die meisten Züchter planen die Winterruhe ihrer Tiere für die Zeit zwischen Dezember und März ein. Einige Wochen danach paaren sich die Zuchttiere dann, und wiederum vier Wochen später legt das Weibchen seine Eier. Je nach Brutkasten-Temperatur schlüpfen die Jungen etwa zwei Monate später. Da die Abgabe des Echsennachwuchses frühestens im Alter von vier Wochen erfolgt, werden die ersten Jungtiere im Juni angeboten. Zu dieser Zeit ist das Angebot groß und die Preise sind

bis Jahresende günstig. Einige Züchter verlegen die Winterruhe bewusst ein paar Monate nach vorne, um ihre Nachzuchten schon im zeitigen Fruhjahr verkaufen zu können. Da dann nur wenige Jungtiere erhältlich sind, ist die Auswahl begrenzt und die Preise sind hoch.

▸ Bei halbwüchsigen und erwachsenen Bartagamen spielt die Jahreszeit beim Kauf keine Rolle. Mit den Farbbartagamen verhält es sich ähnlich. Auch hier gibt es das ganze Jahr über interessante Angebote verschiedenster Zuchtformen. Die Preise für seltene Farbformen liegen dabei meist durchgängig auf hohem Niveau.

▸ Wenn möglich, sollte Sie immer ein erfahrener Terrarianer beim Kauf Ihrer ersten Tiere beraten. Auch wenn er selbst keine Bartagamen hält, weiß er doch, worauf man achten muss.

◀ *Alles im Blick: Aufmerksam beobachtet die Farbbartagame ihre Umgebung.*

▸ Machen sie einen wohlgenährten Eindruck und fressen mit sichtbarem Appetit? Auf keinen Fall sollten Sie abgemagerte Bartagamen kaufen, die nicht auf die im Terrarium herumlaufenden Futtertiere reagieren.
▸ Sind Rückenlinie und Gliedmaßen gerade gewachsen oder erkennt man eine Schiefstellung?

Wenn alles in Ordnung ist, sollten Sie die muntersten und vorwitzigsten Tiere auswählen. Übervorsichtige und scheue Jungtiere stehen in der Hierarchie weit unten, weil sie sich nicht durchsetzen können oder geschwächt sind. Lassen Sie sich Zeit mit der Entscheidung. Außer bei offensichtlichen gesundheitlichen Mängeln ist ein Umtausch der Tiere nämlich nicht möglich. Lediglich ein Schönheitsfehler ist eine fehlende Kralle oder Schwanzspitze, die gut verheilt ist. Das kommt bei der Aufzucht öfter vor, und meist kosten diese Tiere auch etwas weniger.

Gesundheitskontrolle

Beim Kauf ist der Gesundheitszustand (→ Seite 124) der Bartagamen das wichtigste Kriterium. Auch das ungeübte Auge des Einsteigers kann an der körperlichen Verfassung und am Verhalten der Tiere erkennen, ob sie gesund oder krank sind.
▸ Bewegen sich die Echsen normal oder unkoordiniert?
▸ Zittern die Tiere stark oder treten gar Krämpfe auf? Beim Beutefang zittern junge Bartagamen häufig ganz leicht vor Aufregung. Das ist ein durchaus normales Verhalten.
▸ Sind sie munter und aufmerksam oder liegen sie mit geschlossenen Augen auf dem Boden und reagieren selbst dann nicht, wenn man sie mit der Hand berührt?

Von wem bekomme ich meine Tiere?

Mit dem Internet haben sich die Einkaufsmöglichkeiten erweitert: Züchter bieten ihre Nachzuchten auf privaten Homepages an, die Onlinehändler verschicken Tiere und Zubehör in alle Welt.

Zoofachhändler Der Zoohändler vor Ort ist nach wie vor der erste Ansprechpartner, wenn es um die Beratung beim Einkauf oder um Probleme bei der Tierhaltung geht. Er nimmt sich Zeit für die persönliche Beratung, und sein Tierbestand und das Warensortiment decken den normalen Bedarf ab. Garantiefälle lassen sich vor Ort besser abwickeln als über eine Hotline oder per E-Mail. Der Zoohändler hat viel höhere Kosten als ein privater Züchter oder der Online-händler. Das Preisniveau liegt bei ihm daher etwas höher. Bartagamen gehören heute fast schon zum Standardangebot der Zoofachgeschäfte.

Private Züchter Da sich immer mehr Terrarianer mit der Haltung und Zucht von Bartagamen beschäftigen, findet man in der Regel auch Züchter in un-mittelbarer Nähe des eigenen Wohnorts. Tiere aus privater Zucht sind meist gut gepflegt, man kann sich die Elterntiere anschauen und erhält wertvolle Tipps und Pflegehinweise. Sollten einmal Probleme auftreten, bieten viele Züchter

auch lange nach dem Kauf noch ihre Hilfe an. Bei uns stammen fast alle im Handel angebotenen Bartagamen von privaten Haltern, während die Händler in den USA überwiegend von gewerb-lichen Großzüchtern beliefert werden.

Internetkauf Wer im Internet kauft, kann den Zustand der Tiere nicht beur-teilen. Der Kauf lebender Tiere – egal, ob von privat oder beim Händler – ist hier also immer Vertrauenssache, manchmal auch Glücksache. Aus diesem Grund kommt es wiederholt zu Streitereien, die auch vor Gericht enden können. Der Versand erfolgt über spezialisierte Tier-versender und ist ebenfalls nicht frei von Risiken. Für die Tiere bedeutet er stets großen Stress, den man ihnen nach Möglichkeit ersparen sollte. Grundsätz-

1 **Große Auswahl** *Pogona vitticeps* und *Pogona henrylawsoni* gehören zum Standardangebot vieler Terrarienbörsen. Auch Farbbartagamen werden heute in den verschiedensten Varianten angeboten

2 **Boxenplatz** Auf den Terrarienbörsen wer-den die Echsen in Plastikboxen angeboten. Um dem Käufer die Orientierung zu erleichtern, sind auf der Box die Art der Bartagame, der Preis und die Haltungsbedingungen vermerkt.

▼

◀ Ob Tiere, Terrarienanlage, technische Geräte oder Zubehör – auch nach dem Kauf ist der Zoofachhändler vor Ort der kompetente Ansprechpartner, der mit sachkundigen Tipps weiterhilft und bei Problemen meist schnell erreichbar ist.

lich verboten ist das Verschicken lebender Tiere in einem normalen Postpaket. Das Angebot der Onlinehändler ist groß, die Preise sind meist konkurrenzlos günstig. Fast immer muss man aber auf Beratung und Hilfe verzichten.

Online-Börsen Auf Online-Börsen (→ Anhang, Seite 141) bieten gewerbliche und private Züchter Amphibien und Reptilien an. Das Publikum der Börsen ist international, das Interesse der Verkäufer und Käufer meist sehr groß.

Reptilienbörsen Heute findet in fast jeder größeren Stadt mindestens einmal jährlich eine Reptilienbörse statt. Die Besucherzahlen steigen seit Jahren stetig an. Ursprünglich waren diese Börsen für Privatanbieter und den Tausch von Tieren gedacht. Inzwischen beteiligen sich aber auch viele Händler. Die weltgrößte Terrarienbörse im westfälischen Hamm zieht alljährlich mehrere hundert Aussteller und viele Tausend Besucher an.

Tierkauf im Ausland Innerhalb der Europäischen Union darf man Bartagamen ohne jede Beschränkung verkaufen und kaufen. Die Tiere müssen nicht verzollt werden, und es sind auch keine Ein- und Ausfuhrdokumente notwendig. In der Schweiz ge- oder verkaufte Reptilien müssen beim Zoll angemeldet werden.

Was versteckt sich hinter der Zahlenkombination 1, 2?

In Verkaufsanzeigen liest man Zahlenangaben, die ein Laie nicht sofort versteht, zum Beispiel die Zahlenfolgen 1, 2 oder 1, 2, 4. Dabei dreht es sich immer um das Geschlecht der Tiere. Die Zahl vor dem Komma steht für die Anzahl der Männchen, die Zahl hinter dem ersten Komma für die weiblicher Tiere, die Zahl hinter dem zweiten Komma gibt die Anzahl geschlechtlich nicht bestimmter, meist junger Tiere an. Im Beispiel 1, 2, 4 werden also ein Männchen, zwei Weibchen und vier unbestimmte Tiere angeboten. Weitere Abkürzungen: NZ für Nachzucht (engl. CB, captive bred) und WF für Wildfang (engl. WC, wild caught). Adult bedeutet erwachsen, juv (juvenil) steht für Jungtier.

Tierarzt mit Reptilien-Erfahrung

Möglichst schon vor dem Kauf der Bartagamen sollten Sie einen Tierarzt in Ihrer Nähe ausfindig machen, der sich mit Reptilien auskennt (→ Tipp, Seite 131). Der schnell erreichbare Tierarzt ist die Lebensversicherung für Ihre Reptilien, wenn bei einem Notfall einmal Eile geboten ist.

So transportiert man Bartagamen

Sie haben die Wahl getroffen und Ihre Wunschtiere gekauft. Jetzt muss die kostbare Fracht sicher nach Hause gebracht werden. Dazu verpackt man jedes Tier einzeln, um Beißereien und Stress zu vermeiden. Für die Jungtiere reichen Grillendosen aus. Die Dosen werden mit Küchenpapier ausgelegt, damit die Echsen nicht auf dem glatten Boden hin und her rutschen. Einige zusammengeknüllte Küchenpapierbögen bieten den jungen Agamen Deckung und Halt. Für erwachsene Bartagamen verwendet man entweder Leinensäcke oder kleine Kunststoffterrarien. Auch sie werden mit Küchenpapier ausgelegt. Die Tierbehälter kommen dann in eine Styroporbox. Mit zerknülltem Zeitungspapier verhindern Sie, dass die Behälter in der Box verrutschen. In der Styroporbox ist es dunkel, sodass die Tiere meist bald schlafen. Die Box schützt sie vor Verletzungen und vor allem vor Hitze und Kälte. Besonders Jungtiere mit ihrer im Verhältnis zum geringen Körpervolumen recht großen Körperoberfläche kühlen sehr schnell aus und können ebenso schnell überhitzen. Im Winter kann eine Wärmflasche in der Box nützlich sein, die natürlich keinen direkten Kontakt mit den Tieren haben darf. Um

CHECKLISTE

Ist alles für den Einzug vorbereitet?

Erst wenn das Quarantäne-Becken eingerichtet ist und die Technik fehlerfrei funktioniert, dürfen die neuen Bewohner einziehen.

○ Die Terrarientemperatur beträgt 25–30 °C, am Sonnenplatz 45–50 °C.

○ Die Beleuchtung ist hell genug, damit man alles im Terrarium gut erkennen kann.

○ Die Zeitschaltuhren für Beleuchtung und Heizung arbeiten zuverlässig.

○ Der Thermostat schaltet die Heizung bei Erreichen der Maximaltemperatur ab.

○ Die Lüftung ist groß genug, um für genügend Frischluft und spürbare nächtliche Temperaturabsenkung zu sorgen.

○ Die Anzeigegenauigkeit des Thermometers haben Sie überprüft.

○ Die Technik hat einen mehrtägigen Probelauf fehlerfrei absolviert.

○ Der Terrarienboden wurde mit Fließ- oder Zeitungspapier ausgelegt.

○ Futtertiere und Vitamin-Mineralstoffpulver sind vorhanden.

○ Für die Kotuntersuchungen (→ Seite 124) stehen kleine Plastikdosen bereit.

○ Es gibt je eine Transportbox für jedes Tier.

sicher zu gehen, nimmt man seine eigenen Transport-Utensilien zum Züchter mit. Wenn in der kalten Jahreszeit keine Styroporbox zur Verfügung steht, steckt man sich die Reptilien in den Leinensäckchen einfach unter das Hemd, und schützt sie mit der eigenen Körperwärme vor Unterkühlung. Das Abdecken des Transportbehälters mit einer Decke macht keinen Sinn, weil Reptilien keine Eigenwärme produzieren und sich nicht aufwärmen können.

Im Sommer wird es im Auto bei direkter Sonneneinstrahlung sehr heiß, so dass die Tiere selbst in der isolierenden Styroporbox lebensbedrohlichen Temperaturen ausgesetzt sind. Die Box sollte daher nicht im Wagen bleiben, wenn er längere Zeit geparkt wird.
▸ Im Campingbedarf gibt es Kühlboxen für den Betrieb im Auto, die sowohl kühlen als auch warm halten können. Über den Zigarettenanzünder wird die Box mit Strom versorgt.

Viererbande: Übereinander liegen die kleinen P. vitticeps beim Sonnenbad unter der Wärmelampe. Rückwand und Sonnenplatz bestehen aus schwarz gefärbtem Styropor.

Behutsam eingewöhnen

Bartagamen sind keine Schmusetiere, die gestreichelt oder gekrault werden wollen. Wenn Sie jedoch die richtigen Handgriffe beherrschen, gewinnen Sie bald das Zutrauen der Echsen, die dann manchmal von sich aus Ihre Nähe suchen.

BARTAGAMEN richtig einzugewöhnen, verlangt Geduld, etwas Fingerspitzengefühl und auch finanziellen Mehraufwand. Die Investion lohnt aber immer: Nur so fühlen sich die Echsen in ihrer neuen Umgebung schon bald wohl und werden meist zutraulich.

Quarantäne muss sein

Vor dem Einzug ins Hauptterrarium kommen die neuen Bartagamen für vier Wochen in ein Quarantäne-Becken (→ Seite 132). Von jedem Tier werden zwei Kotproben genommen und zur Untersuchung eingeschickt, die erste direkt nach dem Kauf, die zweite am Ende der Quarantänezeit. Sind die Kotproben in Ordnung, übersiedeln alle Neulinge gleichzeitig ins Dauerdomizil. Damit verhindert man, dass zuerst eingesetzte Bewohner ihr Revier verteidigen und die Nachkömmlinge attackieren. Wenn kein Quarantäne-Terrarium verfügbar ist, müssen die Agamen die Quarantäne im eigentlichen Terrarium durchlaufen. Nachteil: Bei einer Infektion muss das ganze Terrarium mitsamt Einrichtung desinfiziert werden. Das Sammeln der Kotproben gestaltet sich in einem voll eingerichteten Terrarium oft schwierig. Und auch die Desinfektion des Inventars macht ziemlich viel Arbeit. Es ist besser, das normale Terrarium während der Quarantänezeit nur spärlich mit täglich frischem Papier als Bodengrund auszustatten. Leider halten sich viele neue Terrarianer nicht an die Quarantäne, obwohl die Bartagamen – das gilt auch für Jungtiere – bei Transport und Eingewöhnung unter Stress stehen und daher besonders anfällig für Parasiten sind. Sowohl im Quarantäne-Becken als auch im Hauptterrarium sollten Sie die neuen Bewohner in den ersten Wochen in Ruhe lassen und nicht ständig anfassen, damit sie genügend Zeit haben, um sich einzugewöhnen.

So werden Ihre Bartagamen zutraulich

Bartagamen verlassen sich auf ihren Instinkt, größere geistige Leistungen und soziale Bindungen darf man von ihnen nicht erwarten. Obwohl die Echsen seit vielen Generationen in Terrarien gehalten und gezüchtet werden, sind sie keine zahmen Heimtiere, sondern von ihrem Verhalten und den Reaktionen immer noch Wildtiere. Mit der Zeit machen sie aber die Erfahrung, dass ihr Pfleger etwas Gutes für sie bedeutet: Er sorgt für Futter und Wasser, seine Haut ist angenehm warm und er bringt Abwechslung ins Terrarienleben, wenn man zum Beispiel auf ihm herumklettern kann.

- Verhalten Sie sich beim Hantieren im Terrarium ruhig und vermeiden Sie schnelle und hektische Bewegungen.
- Wenden Sie nie Gewalt an, um die Bartagamen zu etwas zu zwingen.
- Weder Belohnung noch Bestrafung machen Sinn, da sie von den Tieren nicht verstanden werden.
- Ergreifen Sie eine Bartagame nie von oben oder hinten, sondern nähern Sie sich mit Ihrer Hand gut sichtbar von vorne in Kopfhöhe des Tieres.
- Mit der Handfütterung von Leckerbissen wie Heuschrecken brechen Sie das Eis. Angst vor Bissen muss man nicht haben, da Bartagamen sehr gut sehen und das Futter vorsichtig aus den Fingern nehmen. Schon bald haben die Echsen Sie als Futterquelle registriert und kommen herbei, sobald Sie vor dem Terrarium stehen. Und kurze Zeit später lassen sie sich auch ohne Gegenwehr ergreifen und aus dem Terrarium nehmen.
- Bartagamen wollen nicht gestreichelt oder gekrault werden. Sie drücken sich dann mit geschlossenen Augen auf den Boden. Das ist eine typische Angstreaktion: In aussichtsloser Lage stellt sich die Agame tot und hofft, dass die Gefahr vorübergeht. Beim Sonnenbaden schließen Bartagamen zwar ebenfalls die Augen, bleiben dabei aber völlig entspannt.

Viele Tiere suchen nach kurzer Eingewöhnungszeit den Kontakt zum Pfleger. Zutraulich wird von den acht Arten der Gattung allerdings nur *Pogona vitticeps,* zum Teil auch *P. henrylawsoni.* Einige wenige *P. vitticeps* legen aber auch nach Jahren ihr Misstrauen gegenüber dem Pfleger nicht ab. Die Arten *P. mitchelli, P. barbata* und *P. minor* bleiben immer auf Distanz und reagieren auf jede Annäherung mit Drohverhalten.

Freilauf im Zimmer

Nicht wenige Bartagamen-Halter lassen ihre Tiere regelmäßig frei im Zimmer laufen. Der Fußboden ist jedoch kein guter Aufenthaltsort für die Echsen: Auf Teppichböden können sie mit den Krallen hängen bleiben und im schlimmsten Fall einen Zeh verlieren. Auf glatten Böden wie Fliesen und Parkett rutschen sie weg und können nicht mehr kontrolliert laufen. Darüber hinaus sind sie hier nicht vor Zugluft geschützt und können sich schnell erkälten. Wenn es ihnen am Boden zu kühl ist, suchen sich die Freigänger oft einen sicheren Schlafplatz, zum Beispiel unter dem Schrank. Es gestaltet sich sehr mühsam, sie dort wieder herauszubekommen. Beim Freilauf müssen die Echsen immer unter Aufsicht sein, um zu verhindern, dass jemand auf sie tritt oder sie von einer Tür eingeklemmt werden.

- Viele Bartagamen kratzen so lange an den Terrarienscheiben, bis ihr Pfleger sie herauslässt – oft genug, weil ihm die Kratzgeräusche lästig werden.

TIPP

Futter satt für den Nachwuchs

Bieten Sie jungen Bartagamen immer reichlich Futter an. Jungtiere sind futterneidisch und beißen anderen schon einmal in den Kopf, um ihnen Futter zu stehlen. Satte Tiere sind weit weniger aggressiv. Grünfutter sollte ständig verfügbar sein, ebenso wie einige Futtertiere, die aber nur tagsüber ins Terrarium kommen.

Richtig hochnehmen

Nimmt man erwachsene Bartagamen richtig hoch, empfinden die Tiere die Aktion nicht als Bedrohung, sondern bleiben ruhig und zeigen keine Stressreaktion. Schieben Sie eine Hand von der Seite unter den Körper der Echse und heben ihn vorsichtig hoch. Ihre Vorderbeine hängen frei zwischen den Fingern nach unten. Die andere Hand sichert das Tier ganz sanft von oben am Becken und verhindert so, dass es bei plötzlichen Bewegungen herunterfällt. Versucht die Bartagame von der Hand zu springen, klemmt man ihre Vorderbeine leicht zwischen den Fingern ein. Eine Echse, die falsch angefasst wird, kann kräftig mit ihren Krallen kratzen. Die Kratzspuren sind nicht tief, sollten aber desinfiziert werden, da sie sich leicht entzünden. Bartagamen haben

Keine Angst vor der Handfütterung: Bartagamen nehmen das Futter ganz vorsichtig aus der Hand.

kräftige Kiefer, ihre Bisse verursachen tiefe Wunden. Da der Speichel Krankheitserreger enthalten kann, sollten die Bisswunden vorsichtshalber vom Arzt versorgt werden. Ich bin in vielen Jahren der Bartagamen-Pflege aber noch nie gebissen worden. Versuchen Sie nicht, ein Tier im Fallen zu fangen, wenn es herunterfällt oder aus der Hand springt. Das Risiko ist zu groß, es ungünstig zu erwischen und zu verletzen. Versperren Sie einer am Boden laufenden Agame nicht den Weg mit dem Fuß. Sie landet nur zu schnell unter Ihrem Schuh.

▸ Kleine Bartagamen sollte man grundsätzlich nicht auf der offenen Hand tragen, sondern dazu immer in eine Transportbox setzen.

Fragen zu
Kauf und Eingewöhnung

? Muss ich das Quarantäne-Becken an einen besonders ruhigen Platz stellen?

Am besten platzieren Sie das Terrarium dort, wo es auch später stehen soll. Die Bartagamen lernen ihre Umgebung sehr schnell kennen. Wenn sie nach der Quarantänezeit wieder umziehen, müssten sie sich noch einmal eingewöhnen. Auch wenn es im Terrarienzimmer nicht immer ruhig zugeht, macht das keine Probleme. Der Echsennachwuchs gewöhnt sich schon bald an das rege Treiben und ignoriert es schließlich. Wichtig ist, dass Sie beim Hantieren im Terrarium und beim Umgang mit den Bartagamen nicht hektisch agieren. Eine Styroporplatte zwischen Terrarium und Unterbau dämmt Schwingungen, wie sie etwa vom Straßenverkehr vor dem Haus erzeugt werden. Wenn Sie sich vor dem Terrarium unterhalten, stört das die Tiere nicht. Rundum geborgen fühlen sie sich, wenn alle Scheiben außer der Frontscheibe mit Folie beklebt sind. Dafür gibt es selbstklebende und statisch haftende Folien. Letztere lassen sich leicht und rückstandsfrei entfernen.

? Ich möchte mehrere Bartagamen halten. Als Auszubildender habe ich wenig Geld. Wo kann ich beim Kauf sparen?

Es gibt viele Möglichkeiten, etwas Geld zu sparen. Tipp Nr. 1: Kaufen Sie die Tiere von einem Halter, der sein Hobby aufgibt. Fündig wird man oft in Anzeigeblättern oder Aushängen im Supermarkt. Meist wird dabei auch ein komplettes Terrarium angeboten. Tipp Nr. 2: Tiere mit einer fehlenden Schwanzspitze gibt es oft billiger. Besonders bei den Farbvarianten kann man so viel Geld sparen. Das Fehlen der Schwanzspitze ist nur ein kleiner Schönheitsfehler. Tipp Nr. 3: Bauen Sie sich Ihr Terrarium selbst aus Holz. Das kostet Sie bis zu 60 Prozent weniger als ein Fertigmodell. Tipp Nr. 4: Wenn alle Lampen mit Reflektoren ausgestattet sind, brauchen Sie nur halb so viele Leuchtkörper. Tipp Nr. 5: Züchten Sie die Futtertiere selbst. Die Zucht von Schaben zum Beispiel ist einfach und ergiebig.

? Kann man bei den Händlern auf einer Terrarienbörse ohne Bedenken Tiere kaufen?

Terrarienbörsen werden entweder von Terrarienvereinen oder professionellen Veranstaltern ausgerichtet. Besuchen kann sie jeder, die Eintrittspreise liegen meist bei fünf bis zehn Euro. Auf den Börsen bieten sowohl Händler als auch private Züchter ihre Tiere an. Die Händler kommen oft von weit her, die Privatanbieter in der Regel aus der näheren Umgebung. Sollte es einmal Probleme oder Reklamationen geben, erreicht man sie leichter als einen Händler, der nur ein- oder zweimal im Jahr vor Ort ist. Um auf Nummer sicher zu gehen,

lassen Sie sich einen Beleg ausstellen, auf dem Anzahl und Geschlecht der Bartagamen vermerkt sind.

? Mein Freund ist ein erfahrener Echsenhalter. Kann ich bei seinen Nachzuchten auf die Quarantäne verzichten?

Ich würde grundsätzlich nicht auf die Quarantäne und zwei Kotkontrollen von jedem Tier verzichten. Das ist kein Misstrauen gegen Ihren Freund, sondern eine Vorsichtsmaßnahme zum Wohle der Reptilien. Auch erfahrenen Haltern kann es passieren, dass ihre Echsen krank werden. Gerade Bartagamen infizieren sich schnell mit Kokzidien und Würmern, manche Tierärzte schätzen sogar, dass die Mehrheit Kokzidien hat. Als Anfänger würden Sie die Krankheitsanzeichen wahrscheinlich übersehen und zu spät zum Tierarzt gehen. Die Quarantäne und die Kotproben sind der sichere Weg. Die Kosten für die Kotanalyse sind moderat.

? Mir wurden zwei mittelgroße Bartagamen angeboten. Sind sie für den Anfang besser geeignet als Jungtiere?

Die Entscheidung für die halbwüchsigen Echsen hat mehrere Vorteile und keinen einzigen Nachteil. Für Einsteiger sind sie die beste Empfehlung. Punkt 1: Junge Bartagamen sind besonders empfindlich. Mittelgroße Tiere haben die schwierige Zeit bereits hinter sich. Punkt 2: Sie sparen den Kauf des Aufzuchtbeckens, da die größeren Bartagamen direkt in ihr endgültiges Terrarium einziehen dürfen. Punkt 3: Bei den älteren Echsen kann das Geschlecht bereits eindeutig bestimmt werden. Sie können also jetzt gezielt ein oder zwei Tiere dazukaufen, da man Bartagamen nicht zu zweit halten sollte, weil sonst das schwächere Tier ständig unter Stress steht. In Ihrem Fall hat der Verkäufer entweder ein Paar oder zwei Weibchen. Zwei Männer hätten sich längst gebissen.

? Werden mehrere Bartagamen genauso zutraulich wie ein solo gehaltenes Tier?

Es spielt im Hinblick auf die Zutraulichkeit keine Rolle, wie viele Bartagamen Sie aufziehen. Eine Bartagame, die nicht zahm wird, ist die absolute Ausnahme. Gegen die Einzelhaltung spricht nichts. Ganz im Gegenteil: Bartagamen fühlen sich allein am wohlsten. So leben sie ja auch in der Natur. Und Anfänger erkennen Probleme, die bei Gruppenhaltung entstehen, häufig zu spät. Für den Einsteiger ist ein Einzeltier ideal, weil er so die Pflege ohne gruppentypische Schwierigkeiten lernen kann. Verständlicherweise will aber ein Großteil der Halter irgendwann einmal züchten. Wenn Sie das vorhaben, sollten Sie niemals nur zwei, sondern vier oder sogar fünf Bartagamen kaufen. Hier gibt es die wenigsten Probleme, da sich die möglichen Aggressionen dominanter Tiere auf mehrere Artgenossen verteilen.

Ausgewogen und gesund ernähren

Bartagamen bewohnen karge und unwirtliche Lebensräume. Wählerisch dürfen sie bei ihrem Futter nicht sein. Als Allesfresser akzeptieren sie sowohl tierische als auch pflanzliche Kost.

Das richtige Futter für Ihre Bartagamen

Da Bartagamen keine Nahrungsspezialisten sind, stellt ihre Ernährung den Terrarianer nicht vor große Probleme. Wichtig ist allerdings ein qualitativ hochwertiges Futter und die regelmäßige Versorgung mit Vitaminen und Mineralstoffen.

BARTAGAMEN sind Lauerjäger (→ Seite 17). Zu ihren Beutetieren zählen Insekten, Gliedertiere, Spinnen, Amphibien, Vögel, Reptilien und Kleinsäuger. Nicht selten überwältigen die Echsen sogar Tiere, die fast halb so groß sind wie sie selbst. Neben tierischer Nahrung stehen auch Blumen, Kräuter, Blätter, Früchte und Gräser auf ihrem Speiseplan.

So ernähren sich wild lebende Bartagamen

Je nach Jahreszeit kann der Anteil an pflanzlicher Kost bei erwachsenen Bartagamen zwischen 67 und 96 Prozent schwanken. Bei den Jungtieren ist das Verhältnis zwischen pflanzlicher und tierischer Nahrung hingegen nahezu ausgewogen. Das ergaben Analysen des Mageninhalts wild lebender *P. vitticeps*. Bei den Prozentanteilen der Beutetiere untereinander liegen Termiten mit 83 Prozent weit vorne, Heuschrecken und Grillen bringen es auf sieben Prozent, Schmetterlingsraupen auf vier, andere Beutetiere auf maximal zwei Prozent. Da der Löwenanteil ihrer tierischen Nahrung aus Kleintieren besteht, müssen die Jäger zwangsläufig viel Zeit in den Beutefang investieren.

Fütterungsregeln und Ernährungstipps

In freier Natur ist es ungewiss, wann sich wieder etwas Essbares aufstöbern lässt. Bartagamen fressen daher bei jeder Gelegenheit so viel wie sie können und legen Nahrungsreserven an, um mögliche Hungerzeiten zu überstehen. Die Fettreserven werden besonders am Schwanz deponiert. Auch im Terrarium zeigen die Tiere dieses Fressverhalten. Werden sie täglich bis zur Sättigungsgrenze gefüttert, verfetten sie schnell. Erwachsene Tiere bekommen daher nur jeden 2. Tag tierische Kost, pflanzliche

Nicht immer nur ▶ *lebende Futtertiere: Dank ihres ausgezeichneten Sehvermögens erkennen fast alle Bartagamen auch tote Beutetiere und fressen sie ohne Probleme.*

Beim Baden trinken Bartagamen sehr gern
und meist auch ausgiebig.

darf man ihnen dagegen täglich geben.
Achten Sie darauf, dass die Rationen mit
Heißhunger vertilgt werden. Zeigen sich
die Bartagamen wählerisch und fressen
bedächtiger, kürzt man die Futtermenge
beim nächsten Mal. Ein Fastentag pro
Woche bekommt den Echsen gut und

alle vier bis acht Wochen sollte eine ein-
wöchige Fastenzeit eingeplant werden.
Gesunden erwachsenen Bartagamen
schadet das nicht, sie haben genügend
Reserven. Die Tiere bleiben beweglicher
und reagieren aufmerksamer. Nicht fasten lassen darf man Jungtiere, trächtige
Weibchen und kranke Bartagamen.
Flüssigkeitsbedarf Trinkwasser muss
immer zur Verfügung stehen.

Die besten Fütterungszeiten
Die Fütterung zur Mitttagszeit ist ideal
für Bartagamen. Bis dahin haben sie genügend Wärme getankt und können
blitzschnell reagieren, um selbst flinke
Beutetiere zu erwischen. Darüber hinaus ist ihr Verdauungssystem jetzt voll
funktionsfähig. Und nach dem Fressen
bleibt ihnen noch genügend Zeit, um
die Nahrung in den warmen Stunden
des Nachmittags vollständig zu verdau-
en. Wer mittags nicht füttern kann,
weicht auf den Morgen oder besser die
frühen Abendstunden aus. Wichtig ist
dann, dass der Heizstrahler im Becken
nach dem Füttern noch für mindestens
zwei bis drei Stunden eingeschaltet
bleibt, damit die Verdauung der Tiere
ausreichend angeregt wird.

Fit bleiben bei der Fütterung
Wild lebende Bartagamen müssen auf
ihre sich ständig veränderte Umgebung
reagieren. Die Haltung im Terrarium
ist dagegen eher reizarm. Mit dem Verfüttern kleiner und schneller Futtertiere, wie Heimchen und Heuschrecken,
kann man für Spannung und Abwechslung sorgen. Dazu kommen alle Futtertiere gleichzeitig ins Becken. Jetzt müssen sich die Bartagamen erheblich an-
strengen, um möglichst viele Beutetiere
zu erwischen.

TIPP

Vitaminpräparate wechseln

Der Fachhandel bietet viele Vitamin-Mineralstoffpräparate mit oft sehr unterschiedlichen
Bestandteilen an. Um eine Unterversorgung
mit Vitaminen und Mineralstoffen zuverlässig
zu verhindern, empfiehlt es sich, den Echsen
die Präparate verschiedener Hersteller im täglichen Wechsel zu geben.

Die besten Futtertiere
auf einen Blick

◄ Heimchen und Grillen

Heimchen (Foto ganz links) und Grillen (links) sind in der entsprechenden Größe das richtige Hauptfutter sowohl für junge wie erwachsene Bartagamen. Die Futtertiere gehören heute zum Standardangebot des Zoofachhandels.

Große Futtertiere ►

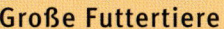

Wanderheuschrecken (Foto rechts) und Schaben (ganz rechts) sind kräftige Brocken, die aber von allen Bartagamen gerne gefressen werden. Die Zucht von Schaben stellt auch Anfänger nicht vor Probleme.

◄ Vitaminversorgung

Die Larven des Schwarzkäfers (Foto ganz links) sind sehr nahrhaft und sollten daher nicht zu häufig angeboten werden. Die Futtertiere werden vor dem Verfüttern mit einem Vitamin-Mineralstoffpulver eingestäubt (links).

Abwechslungsreich füttern

Ein breites Sortiment an Futtertieren und -pflanzen beugt Mangelerscheinungen vor. Bietet man mehrere Futtertiere gleichzeitig an, fressen die Agamen nur ihre Lieblingskost. Daher gibt es bei jeder Fütterung nur eine Futtertierart oder Pflanzensorte, bei der nächsten Mahlzeit dann eine andere. Verweigern sie das Futter, ist ein Fastentag angesagt.

und vitaminreichem Futter »veredelt« werden. Beim Fressen werden die Bartagamen dann mit den Vitaminen versorgt. Genauso behandelt werden Futtertiere aus dem Versandhandel.

▸ Für die Zucht von Futtertieren muss man viel Zeit investieren – mehr als für die Pflege der Echsen selbst. Vorteile: Man ist völlig unabhängig und die Futtertiere sind optimal versorgt.

▸ Der Fang heimischer Futtertiere ist wetterabhängig und man findet die Arten auch nicht zu jeder Jahreszeit.

WUSSTEN SIE SCHON, DASS …

… Futtertiere gefährlich sein können?

Viele Futtertiere sind nachtaktiv und suchen Nahrung, wenn die Bartagamen schlafen. Es kann passieren, dass Grillen und Heimchen die Echsen anknabbern. Gefährdet sind speziell Jungtiere wegen ihrer dünnen Haut und dem frisch geschlossenen Bauchnabel. Nicht gefressene Futtertiere müssen über Nacht entfernt werden. Eine übersichtliche Terrarieneinrichtung erweist sich deshalb besonders bei der Jungtieraufzucht als vorteilhaft.

Futtertiere kaufen oder selbst züchten?

Futtertiere gibt es in Zoogeschäften und im Fachversand, man kann sie selbst züchten oder fangen. Jede Möglichkeit hat ihre Vor- und Nachteile.

▸ Der Kauf im Zoofachhandel ist bequem, man ist aber abhängig von den Öffnungszeiten und vom Wetter, da die Züchter den Handel bei zu kalter Witterung oft nicht beliefern. Das industriell gezüchtete Futter muss zu Hause einige Tage mit hochwertigem

In der Nähe von landwirtschaftlich genutzten Flächen und an Straßen sollte man nicht auf Futtertiersuche gehen, da diese Tiere häufig schadstoffbelastet sind.

Info Beachten Sie bitte die Artenschutzbestimmungen: Viele der einheimischen Tierarten stehen unter Schutz.

▸ Empfehlung für Anfänger: Futtertiere kaufen und vor Verfüttern »veredeln« (→ oben). Dazu zwei leicht zu haltende Arten züchten, etwa Schaben und Schwarzkäferlarven, um mögliche Futterengpässe zu überbrücken.

Wer Futtertiere nicht selbst züchten will, findet im Zoogeschäft eine **große Auswahl geeigneter Arten** für die abwechslungsreiche Ernährung seiner Echsen.

Futtertiere halten und versorgen
Futtertiere hält man in ausbruchsicheren Boxen bei über 20 °C. Drei bis vier Tage mit Löwenzahn, Haferflocken, Obst und vitaminreichem Fischfutter versorgen, bevor sie verfüttert werden.

Diese Futtertiere werden gerne genommen

Zoofachgeschäfte und Versandhandel bieten für Bartagamen viele verschiedene Futtertiere an (→ Tabelle, Seite 83). **Grillen** (Zweifleckgrille *Gryllus bimaculatus,* Steppengrille *Gryllus assimilis*) und **Heimchen** (*Acheta domestica*) sind einfach zu hältern und gut verdaulich. Man verfüttert stets viele Tiere gleichzeitig. Die Bartagamen rennen dann durchs Terrarium, um möglichst viele der schnellen Futtertiere zu erbeuten. **Heuschrecken** (Wanderheuschrecke *Locusta migratoria,* Wüstenheuschrecke *Schistocerca gregaria*) werden gerne von den Echsen gefressen. Die langen Dorne an den Sprungbeinen erwachsener Heuschrecken sind gefährlich und sollten vor dem Verfüttern entfernt werden. **Schaben** sind ballaststoffreich, einfach zu halten und gut zu züchten. Da sie sich sofort verkriechen, werden sie mit der Pinzette verfüttert. Die Deutsche Schabe darf nicht gehalten werden, da sie leicht entwischt und sich in der Wohnung vermehrt. Bei den tropischen Totenkopfschaben (*Blaberus craniifer*) und den Argentinischen Schaben (*Blabtica dubia*) besteht dieses Risiko nicht:

Sie sind flugunfähig, können nur sehr schlecht klettern und pflanzen sich bei Zimmertemperatur nicht fort. **Mehlwurmlarven** (*Tenebrio molitor*) und **Schwarzkäferlarven** (*Zophobas morio*) bietet man nur gelegentlich an, da sie sehr fett sind. Ihre Haltung ist einfach, sie verpuppen sich spät und sind eine ideale Reserve für Futterengpässe. Man hält sie in flachen Gefäßen mit Haferflocken und etwas Möhre. Nährstoffreiche **Wachsmottenlarven** (*Galleria mellonella*) sind bei den Bartagamen heiß begehrt. Man kauft sie mit einem Substrat, in dem und von dem sie leben. Zum Verfüttern müssen sie aus dem Substrat herausgeschält werden. **Nestjunge Mäuse** sollten nur in Ausnahmefällen verfüttert werden, zum

---

Gesunde Grünkost: Die jungen Bartagamen müssen schon früh an pflanzliche Nahrung gewöhnt werden.
▼

Beispiel an Agamenweibchen, die ein Gelege produzieren. Eine Maus pro Woche reicht aus. Aus Tierschutzgründen nur getötete Mäuse verwenden.
Seltene Futtertiere: Mit Tebo-Raupen, Rosenkäferlarven, Buffalo-Würmern und einigen tropischen Schabenarten lässt sich die Fütterung der Bartagamen abwechslungsreicher gestalten.

Futtertiere und Grünfutter immer mit **Vitaminpulver** bestäuben, um die Abwehrkräfte zu stärken.

Frisches Grünfutter und Vitaminpulver

Grünfutter enthält viele Vitamine und Mineralstoffe. Erwachsene Agamen verweigern die Kost allerdings beharrlich, wenn sie nicht als Jungtiere daran gewöhnt wurden. Die erwachsenen Tiere sollten je zur Hälfte mit tierischer und pflanzlicher Nahrung versorgt werden, für die Jungtiere muss der Anteil tierischer Kost bei 70 bis 80 Prozent liegen. Das Grünfutter waschen, trocknen und eventuell mit Vitamin- und Mineralstoffpulver bestreuen. Bieten Sie es klein geschnitten als Mix aus mehreren Pflanzensorten in einer flachen Futterschüssel an, weil es sonst durch Sand verunreinigt wird, was Verdauungsprobleme verursacht. Übrig gebliebenes Grünzeug entfernt man, damit es nicht im Terrarium verteilt wird.

Futterpflanzen sammeln Pflanzen an Straßen oder auf Äckern sind häufig schadstoffbelastet und als Futter daher ungeeignet. Unter den einheimischen Pflanzen gibt es auch giftige Arten

(→ Tabelle rechts), andere sind geschützt und dürfen nicht gesammelt werden.
Gut für die Knochen Phosphor und Kalzium sind für den Knochenaufbau wichtig, wobei der Kalziumanteil höher sein muss. Bei gekauften Futterinsekten und vielen Obstsorten ist das Verhältnis eher ungünstig, bei Grünfutter hingegen meist ausgewogener. Futterpflanzen mit höherem Kalziumanteil (→ Tabelle rechts) eignen sich auch zur Versorgung der Futterinsekten und gleichen deren Phosphorüberschuss etwas aus.

Vitaminpräparate Mit Grünfutter und Futterinsekten allein können die Echsen nicht mit den nötigen Vitaminen und Mineralstoffen versorgt werden. Im Fachhandel gibt es Vitaminpräparate, die speziell auf die Bedürfnisse der Reptilien abgestimmt sind. Da die Pulver viel Kalzium enthalten, lässt sich der hohe Phosphoranteil im tierischen Futter auch auf diesem Weg ausgleichen. Das Futter für Jungtiere und trächtige Weibchen stäubt man täglich ein, erwachsene Tiere erhalten es nur bei jeder zweiten Fütterung. Pflanzliche Nahrung wird dünn bestreut, Futterinsekten setzt man in eine Box mit etwas Pulver und schüttelt sie, bis die Tiere eingepudert sind. Sofort verfüttern, weil sich die Insekten sonst putzen und den Puder abstreifen. Vitaminpräparate verschlossen im Kühlschrank aufbewahren, um zu verhindern, dass die Inhaltsstoffe an Wirkung verlieren. Nach dem Verfallsdatum nicht mehr verwenden.

Info Die Vitamin- und Mineralstoffpräparate sind für die Bartagamen wichtig, da eine Unterversorgung bei den sehr schnell wachsenden Tieren zu Stoffwechselerkrankungen und irreparablen Schäden führen kann. Rachitische Tiere sieht man leider recht häufig.

DER FÜTTERUNGSRATGEBER FÜR BARTAGAMEN

FUTTERTIERE, FUTTERPFLANZEN, VITAMINE, MINERALIEN

Futtertiere aus dem Zoohandel	**können regelmäßig gegeben werden:** Heimchen *(Acheta domestica)*, Zweifleckgrille *(Gryllodes sigillatus)*, Wüstenheuschrecke *(Schistocera gregaria)*, Ägyptische Wanderheuschrecke *(Locusta migratoria)*, Argentinische Schabe *(Blaptica dubia)*, Totenkopfschabe *(Blaberus craniifer)* **nur selten anbieten (Dickmacher):** Mehlkäferlarven *(Tenebrio molitor)*, Schwarzkäferlarven *(Zophobas morio)*, Larven der Großen Wachsmotte *(Galleria mellonella)* **nur mit Pinzette füttern (Futtertiere, die schnell entweichen):** Grüne Schabe *(Panchlora nivea)*, Schokoschabe *(Shellfordella tartara)* **für trächtige Weibchen:** kalorienreiche Futtertiere (→ Dickmacher), tote junge Mäuse
Insekten für die Futtertierzucht	Heimchen *(Acheta domestica)*, Steppengrille *(Gryllus assimilis)*, Zweifleckgrille *(Gryllodes sigillatus)*, Argentinische Schabe *(Blaptica dubia)*
Futterpflanzen	**Pflanzen mit günstigem Kalk-Phospor-Verhältnis (→ linke Seite):** Löwenzahn, Garten- und Brunnenkresse, Breitwegerich, Blätter des Spitzwegerich, Vogelmiere, Gänseblümchen, Petersilie, Sellerie
Gemüse und Salate	Paprika, Karotten, Kopf- und Feldsalat, Spinat, Brokkoliblätter, Endivie, Chicorée, **mit günstigem Kalk-Phospor-Verhältnis:** Grünkohl
Obst	Apfel, Banane, Aprikose, Brombeere, Erdbeere, Feige, Kirsche, Kürbis, **mit günstigem Kalk-Phospor-Verhältnis:** Orange, Mandarine
Weitere Futtersorten	**nur als Futterergänzung:** Blütenpollen, Bartagamenpellets, Fischpellets, getrocknete Kräutermischungen, Golliwoog
Vitamine	Vitamin-Mineralstoffpräparate, zerkleinerte Sepiaschalen
Nicht verfüttern	Schweine- und Rindfleisch (Rinderherz): Gicht und Darmprobleme
Für Bartagamen giftige Pflanzen *(Auswahl)*	Bilsenkraut, Eisenhut, Fingerhut, Hollunder, Tollkirsche, Wolfsmilch, Kartoffelblätter, Hahnenfuß, Klatschmohn, Wacholder, Rhododendron, Sumpfdotterblume, Efeu, Dieffenbachie

Fragen zur
richtigen Ernährung

? Kann ich meine Bartagamen auch rein vegetarisch ernähren?
Untersuchungen haben nachgewiesen, dass *Pogona vitticeps* mit zunehmendem Alter mehr Grünfutter zu sich nimmt. Für die anderen Bartagamen-Arten liegen keine vergleichbaren Daten vor. Tests mit vegetarischer Kost, wobei Tofu als Eiweißlieferant diente, waren nicht erfolgreich. Wenn Jungtiere vorwiegend mit Grünfutter ernährt werden, kommt es bald zu Wachstumsstörungen. Tierisches und pflanzliches Futter ist die richtige Basis für die gesunde Ernährung Ihrer Bartagamen.

? Ich füttere abwechslungsreich und setze auch UV-Licht ein. Kann ich auf zusätzliche Vitamine verzichten?
Im Vergleich zur Natur ist das Futtertiersortiment für die Terrarienbewohner eher bescheiden. Darüber hinaus ist die Qualität natürlicher Nahrung besser als die gezüchteter Futtertiere. Bart-

agamen wachsen schnell und sind daher auf hochwertiges Futter angewiesen. Stoffwechselerkrankungen treten bei ihnen häufiger auf als bei vielen anderen Reptilien. Folgen nicht ausgewogener Ernährung sind zum Beispiel Rachitis, Fettleibigkeit, Kropfbildung und Gicht. Die regelmäßige Versorgung mit Vitamin-Mineralstoffpräparaten ist unverzichtbar. UV-Lampen wiederum haben lediglich Einfluss auf die Bildung von Vitamin D. Wenn die Tiere regelmäßig mit UV-Licht bestrahlt werden, sind sie zudem deutlich lebhafter.

? Warum sollte man keine Pflanzen an Straßenrändern sammeln?
Gerade an viel befahrenen Straßen ist die Schadstoffbelastung der Pflanzen durch die Autoabgase hoch. Zudem sind Straßenränder beliebte Toilettenplätze von Hunden. Auch Feldraine sind nicht die richtigen Sammelplätze. Die Kräuter und Gräser wachsen dort

nur deshalb so gut, weil sie regelmäßig mitgedüngt werden. Suchen Sie sich lieber eine wilde Wiese, auch wenn Sie dafür etwas weiter laufen müssen.

? Meine Bartagamen sind zu dick. Wie kann ich sie wieder auf Normalgewicht bringen?
Das Fett lagert sich am ganzen Körper und speziell am Hals und Schwanz ab. Zu dicke Tiere sind krankheitsanfällig, sie werden meist nicht alt und zeigen nicht ihr typisches Verhalten. Reduzieren Sie das tierische Futter auf ein Drittel und erhöhen Sie gleichzeitig den Anteil pflanzlicher Kost. Sehr fettreiche Futtertiere wie Wachsmaden, Mehlwurm- und Schwarzkäferlarven werden gestrichen. Bieten Sie stattdessen ballaststoffreiche Futtertiere (Grillen, Heimchen, Schaben) an, die nur wenig Fett enthalten. An zwei Tagen in der Woche wird überhaupt nicht gefüttert. Die Nulldiät bekommt den Tieren gut.

? Meine Tiere lassen jedes Grünfutter links liegen. Wie bringe ich sie dazu, sich damit doch noch anzufreunden?
Wahrscheinlich erhielten Ihre Bartagamen als Jungtiere keine Pflanzenkost. Sie wird von erwachsenen Echsen dann meist abgelehnt. Manchmal hilft es, wenn für ein paar Tage ein Artgenosse dazukommt, der Grünfutter akzeptiert. Der Futterneid kann die »Verweigerer« zur Einsicht bringen. Am besten lässt man sie zuvor einige Zeit hungern. Sie können aber auch versuchen, den Agamen Löwenzahnblätter ins Maul zu schieben, während sie gerade Insekten verspeisen. Wird Grünfutter auf diese Weise angenommen, fressen es manche Tiere irgendwann auch aus eigenem Antrieb. Wenig Aussicht auf Erfolg hat der Versuch, die Futterpflanzen hin- und herzubewegen, um den Bartagamen lebende Futtertiere vorzugaukeln. Die Echsen sehen sehr gut und lassen sich nicht leicht

hinters Licht führen. Aber selbst wenn sich der Erfolg nicht sofort einstellt, sollten Sie die Tiere immer wieder dazu animieren, pflanzliche Nahrung anzunehmen.

? Kann man Bartagamen gefahrlos mit der Hand füttern?
Dabei besteht kein Risiko: Bartagamen orientieren sich sehr gut optisch und unterscheiden das Futter von der Hand. Sie wissen auch, dass es die Hand des vertrauten Pflegers ist. Fast immer nehmen sie das Futterangebot sehr vorsichtig aus den Fingern. Außerdem beißen sie bei Insekten nicht mit den Kiefern zu, sondern nehmen die Futtertiere mit der Zunge auf und führen sie dann ins Maul.

? Unsere Bartagame möchte nur noch Mehlwürmer fressen. Ist das ungesund für sie?
Grundsätzlich ist einseitige Ernährung immer ungesund. Beim ausschließlichen Füttern von Mehlwürmern

kommt erschwerend hinzu, dass diese Futtertiere sehr fettreich sind und kaum Ballaststoffe enthalten. Ihre Bartagame wird mit der Zeit die schlanke Linie einbüßen. Oft sind derartige Futtervorlieben aber auch ein Zeichen dafür, dass die Bartagame überfüttert wird. Sie kann es sich bei ihrem Ernährungszustand quasi leisten, nur noch die Lieblingsnahrung zu fressen. Ein erwachsenes Tier sollte jetzt eine Woche fasten. Danach akzeptiert es garantiert auch andere Futtertiere.

? Wenn meine Tiere viel Grünfutter fressen, ist ihr Kot sehr dünn. Vertragen sie es nicht?
Der im Vergleich zur Fütterung mit Insekten dünnere Kot ist normal. Besonders dünn ist er bei stark wasserhaltigen Pflanzen wie Salat. Da Bartagamen von sich aus meist nur wenig trinken, ist Grünfutter eine einfache und wirksame Möglichkeit, ihren Wasserhaushalt etwas auszugleichen.

Richtig pflegen und fit halten

Neben einer artgerechten Unterbringung und der gesunden Ernährung ist die sorgfältige Pflege ein unverzichtbarer Baustein für ein langes und gesundes Leben Ihrer Bartagamen.

Die wichtigsten Tipps zur Haltung und Pflege

Im Vergleich zu vielen anderen Reptilien sind Bartagamen relativ anspruchslose Terrarienbewohner. Doch auch bei ihrer Pflege muss man einige Grundregeln beachten. Dazu gehören Hygienemaßnahmen und die richtige Vergesellschaftung.

IN FLEISCH UND BLUT übergehen sollten jedem Bartagamen-Halter der tägliche Pflegedienst rund ums Füttern und Tränken seiner Tiere sowie das Reinigen von Terrarium und Einrichtung.

Sorgfältige Hygiene schützt vor Krankheit

Futter- und Trinkschale Im warmen Terrarium sind verschmutzte Näpfe ein Nährboden für Parasiten. Futterschalen und Trinkgefäße müssen täglich mit heißem Wasser gesäubert und alle vier Wochen desinfiziert werden.

Kot und Futterreste Bartagamen fressen viel, entsprechend groß sind ihre Ausscheidungen. Bei Parasitenbefall und Krankheit kann es über den Kot zu Reinfektionen kommen. Er sollte sofort entfernt werden, nicht zuletzt, weil er unangenehm riecht. Der Sand bindet den Kot, und die Verunreinigungen sind im hellen Bodengrund gut zu erkennen. Nehmen Sie Ausscheidungen mit einem Kunststofflöffel auf, der dann nach mehrmaligem Gebrauch weggeworfen wird. Dabei sollte möglichst viel Sand rund um die Kotstelle entfernt werden, da er flüssige Kotanteile enthält. Tote Futtertiere und verdorbenes Grünfutter

muss man ebenfalls täglich entsorgen. Je nach Besatzdichte wird der Bodengrund ein- bis zweimal jährlich erneuert.

▶ Verwenden Sie für jedes Terrarium eigene Kotlöffel, Futterpinzetten sowie Futter- und Wasserschalen.

Info Um die Ansteckungsrisiken zu minimieren, dürfen die Bartagamen nicht immer wieder von einer Gruppe in eine andere umgesetzt werden. Gleiches gilt für Futtertiere, die in einem Terrarium übrig bleiben. Sie sollten nie in andere Becken gesetzt werden, da sie über den Kot der Bartagamen Erreger aufnehmen und Krankheiten übertragen können. Das gilt auch für entlaufene Futtertiere.

Wenn mehrere ▶ Jungtiere gleichzeitig aufgezogen werden, kann es schnell zu Futterneid kommen. Um Streitigkeiten zu vermeiden, muss man daher immer genug Futtertiere anbieten.

Junge Bartagamen müssen das Trinken aus einem Gefäß oft erst lernen. Wenn ihnen diese Schale aber gleichzeitig auch als »Badewanne« dient, trinken sie meist schon nach kurzer Zeit selbstständig.

Terrarien-Inventar Wurzeln, Steine, andere Einrichtungsobjekte und auch die Kletterwände säubert man einmal im Jahr gründlich mit einem Reinigungsmittel. Anschließend mit klarem Wasser nachspülen, um mögliche Reinigungsmittelrückstände zu entfernen. Nach einer ansteckenden Krankheit müssen Terrarium und Einrichtung desinfiziert (→ Seite 134) oder – wie Bepflanzung und Sand – vollständig ersetzt werden.

▶ Waschen Sie sich nach dem Hantieren im Terrarium gründlich die Hände, bevor Sie ein zweites versorgen. Nach der Pflege kranker oder krankheitsverdächtiger Reptilien muss man die Hände desinfizieren.

So baden und tränken Sie Ihre Bartagamen

Baden Beim Baden im Terrarium trinken Bartagamen immer sofort, wenn sie durstig sind. Als Badewanne dient eine flache Schüssel, die so hoch mit lauwarmem Wasser gefüllt wird, dass die Tiere noch stehen können. Ist das Wasser zu tief, pumpen sie ihren Körper mit Luft voll und treiben an der Oberfläche, geraten dabei aber nicht selten in Panik. Beim Baden entleeren die Echsen häufig den Darm. Das Wassergefäß muss daher täglich penibel gesäubert werden.

▶ Jungtiere erkennen manchmal das Trinkgefäß nicht. Meist hilft es, wenn man die Wasseroberfläche mit dem Finger leicht in Bewegung versetzt.

TIPP

Pflegeleichtes Inventar

Futtergefäß, Trinkschale und Badebecken müssen täglich mit heißem Wasser gesäubert und bei Verschmutzung durch den Kot der Tiere desinfiziert werden. Achten Sie beim Kauf des Inventars darauf, dass es leicht zu reinigen und spülmaschinenfest ist. Eine zweite Garnitur für den täglichen Wechsel erleichtert die Arbeit.

Tränken mit Pipette Um die Flüssigkeitsaufnahme bei jungen Bartagamen zu kontrollieren, tränkt man sie mit der Pipette oder Einwegspritze. Halten Sie den an der Pipette hängenden Wassertropfen in Augenhöhe vor den Kopf des Jungtieres. Oft nimmt es den Tropfen von selbst auf. Falls nicht, tropft man je einen Tropfen auf die Nasenöffnungen, bis die Flüssigkeit abgeleckt wird.

Einsprühen Wenn das Terrarium und die Tiere selbst mit einer Blumenspritze eingesprüht werden, nehmen sie die Tropfen fast immer sofort auf. Auch in freier Natur lecken Bartagamen den Morgentau auf. Wässern Sie bitte nicht das ganze Becken, Dauernässe vertragen die Echsen nicht. Außerdem kann es zu Pilzbefall kommen. Der Vormittag ist die ideale Zeit zum Einsprühen, dann ist das Terrarium abends wieder trocken.

Versorgung kranker Tiere Kranke und geschwächte Bartagamen können oft nicht mehr selbstständig trinken. Am besten schiebt man eine Einwegspritze (ohne Nadel) unter die Lippenschilder. Öffnet die Echse dann die Kiefer, wird die Spritze vorsichtig ins Maul geführt und langsam entleert. Gewalt anwenden darf man bei dieser Aktion nicht.

Einzeln halten oder vergesellschaften?

Einzelhaltung Im natürlichen Umfeld leben alle acht Bartagamen-Arten als Einzelgänger. Daher bedeutet vor allem paarweise Haltung für die Tiere Stress. In einem sorgfältig eingerichteten Terrarium kann man *P. vitticeps* und *P. henrylawsoni* am besten in einem Harem mit mehreren Weibchen und einem Männchen halten. Bei den anderen Arten scheitert das Zusammenleben meist an

CHECKLISTE

Der tägliche Terrarien-Check

Mit regelmäßiger Kontrolle des Terrariums sorgen Sie dafür, dass sich Ihre Tiere wohlfühlen und vor Krankheiten geschützt sind.

- ○ Machen alle Terrarienbewohner einen aufmerksamen und munteren Eindruck?

- ○ Zeigen sie ihr normales Verhalten oder gibt es auffällige Veränderungen?

- ○ Werden einzelne Bartagamen von den anderen bedrängt oder unterdrückt?

- ○ Gibt es häufiger Streit in der Gruppe? Haben einige Tiere sogar Bisswunden?

- ○ Fressen alle mit sichtbarem Appetit?

- ○ Wirken die Agamen körperlich gesund und gut ernährt? Haben sie weder eingefallene Augen noch vorstehende Beckenknochen?

- ○ Stimmen die Temperaturen im Terrarium? Grundtemperatur 25–30 °C, im Winter etwas kühler; Sonnenplätze 50 °C

- ○ Liegt die Luftfeuchtigkeit tagsüber bei 30–40 %, nachts bei 60 %?

- ○ Funktionieren alle elektrischen Geräte einwandfrei und sind sie unbeschädigt?

- ○ Liegen im Terrarium weder Futterreste noch tote Futtertiere?

- ○ Ist die Trink- und Badeschale sauber und mit frischem Wasser gefüllt?

der innerartlichen Aggressivität. Einzeln lebende Bartagamen werden häufig älter als vergesellschaftete.

Paar- und Haremshaltung Wer *Pogona vitticeps* oder *P. henrylawsoni* paarweise oder als Gruppe halten will, muss den Tieren ein geräumiges, gut strukturiertes Terrarium mit Versteckplätzen und Sichtschutz anbieten. Ansonsten kann bereits der Anblick von Bartagamen in einem anderen Terrarium Stress auslösen. Alle Tiere, die zusammenleben, sollten möglichst gleich groß sein. Bei deutlichen Größenunterschieden werden kleinere leicht zur Mahlzeit ihrer größeren Artgenossen. Oder sie werden unterdrückt und verkümmern.

Getrennt nach Arten Die verschiedenen Arten der Bartagamen müssen immer getrennt gehalten werden, da sie sich sonst untereinander verpaaren. Bekannt sind Kreuzungen von *P. vitticeps* und *P. barbata*. Werden solche Mischlinge zur Zucht eingesetzt, verwässern die Artmerkmale. Das ist um so schlimmer, als aus Australien kein frisches Blut mehr eingeführt werden darf.

Mit anderen Reptilien In einigen Zoos werden Bartagamen erfolgreich zusammen mit anderen Reptilien gehalten, etwa mit australischen Skinken, Kragen- und Tannenzapfenechsen. Diese Form der Gemeinschaftshaltung funktioniert nur in riesigen Terrarien und setzt viel

Wenn Sie eine neu gekaufte Bartagame in
die bestehende Gruppe integrieren wollen,
muss das Terrarium immer umdekoriert werden.

Terrarienumbau Gestalten Sie die Einrichtung des Terrariums um, bevor ein Einzeltier einen Partner oder der Harem ein neues Weibchen erhält. Danach alle Tiere gleichzeitig einsetzen. Neuzugänge kommen vorher in Quarantäne.

Streithähne trennen Manchmal vertragen sich bisher friedliche Tiere plötzlich nicht mehr. Trennen Sie die Streithähne und starten sie nach ein paar Wochen eine neue Gemeinschaftsaktion. Auch hier hilft Umdekorieren des Terrariums.

Jungtierhaltung Mit einem nur spärlich eingerichteten Jungtier-Terrarium verhindert man, dass es zu Revierbildung und Auseinandersetzungen kommt.

Immer nur ein Mann Männchen können nicht gemeinsam gehalten werden, da sie sich erbittert bekämpfen würden.

Erfahrung und Wissen über die einzelnen Arten und ihre Ansprüche voraus.

▸ **Schlangen** versetzen Bartagamen in Panik, da sie zu ihren natürlichen Feinden gehören. Wenn Bartagamen und Schlangen im gleichen Raum gehalten werden, darf zwischen den Terrarien kein Sichtkontakt bestehen.

▸ **Schildkröten** stellen für Bartagamen ein großes Gesundheitsrisiko dar und dürfen nicht mit ihnen gemeinsam gehalten werden. Viele Schildkröten scheiden dauerhaft Krankheitserreger aus, wobei vor allem die Amöbe *Entamoeba invadens* für die Agamen gefährlich ist. Die Einzeller verursachen schwere Darmentzündungen und schädigen die Organe. Unbehandelt führt die Infektion zum Tod.

1 **Quarantänebecken** Ein einfach eingerichtetes Zweitterrarium wird für die Behandlung kranker Tiere und für die Quarantäne benutzt. Dank des kargen Inventars lässt es sich sehr gut sauber halten.

Wasserpipette Wenn man etwas Geduld aufbringt, lernen junge **2** Bartagamen, wie man Wassertropfen von einer Pipette abnimmt. Auf diese Weise kann man die Flüssigkeitsaufnahme der Tiere genau kontrollieren.

3 **Futterpinzette** Ohne Probleme nehmen Bartagamen Futtertiere, die ihnen mit der Pinzette angeboten werden. Speziell Schaben sollte man nicht frei im Terrarium laufen lassen, da sie sich sehr schnell vergraben.

Immer aktiv Eine gesunde Bartagame ist bewegungsfreudig und **4** ausgesprochen neugierig und klettert überall im Terrarium herum. Dauerhaft apathisches Verhalten ist in der Regel ein erstes Krankheitssymptom.

ELTERN-EXTRA

Mit kleinen Pflegeaufgaben anfangen

Seit 14 Tagen sind wir stolze Besitzer eines Terrariums mit drei Bartagamen. Unsere sechsjährige Tochter ist richtig aus dem Häuschen und hat den vorwitzigen Kerlchen natürlich auch schon Namen gegeben. Gar nicht hinsehen will sie aber, wenn die Reptilien ihren Beutetieren nachstellen und sie lebendig fressen.

VOR ALLEM JÜNGERE KINDER bauen ein sehr enges und natürliches Verhältnis zu Tieren auf und beobachten ganz genau, wie sie reagieren. Die emotionale Nähe führt aber auch dazu, dass die Kinder bestimmte Verhaltensweisen für grausam halten, wie etwa das Fressen lebender Beutetiere. Hier sind die Eltern gefordert, ihren Kindern die Lebensweise und Ansprüche der Tiere verständlich zu machen.

Warum Agamen Lebendfutter brauchen

Erzählen Sie Ihren Kindern von den schwierigen Lebensbedingungen, mit denen die Bartagamen in ihrer australischen Heimat zurechtkommen müssen. Und dass sie in dieser kargen Umgebung bei der Suche nach Futter nicht wählerisch sein dürfen, sondern fast alles fressen müssen, was ihnen gerade über den Weg läuft.
Mäuse sind tabu: Wenn Kinder im Haus leben, sollten die Bartagamen keine Mäuse bekommen. Zum einen brauchen die Reptilien sie nicht als Nahrung, zum anderen würden junge Mäuse bei den Kindern noch mehr Mitgefühl hervorrufen als Insekten.

Einfache Pflegeaufgaben übernehmen

Unter Ihrer Aufsicht dürfen Kinder kleine Pflegearbeiten übernehmen. Sie lernen dabei ganz von selbst, dass Bartagamen andere Ansprüche als wir haben. Beim Verfüttern von Pflanzenkost festigt sich das Vertrauen in die Terrarienbewohner. Auch vorsichtiges Anfassen und Streicheln ist erlaubt. Füttern Sie die Agamen so reichlich, dass sie die Beutetiere im Terrarium unbehelligt lassen. Die Kinder begreifen schnell, dass die Echsen andere Tiere nicht zum Spaß fressen, sondern nur, wenn sie Hunger haben. Und dass Fressen nichts mit Gut und Böse zu tun hat.
Zum Schutz der Kinder und Tiere: Sichern Sie das Terrarium mit einem Schloss, und verlegen Sie die elektrischen Leitungen und Geräte kindersicher.

Verantwortung macht stolz

Mit zunehmendem Alter können die Kinder größere Aufgaben übernehmen – immer noch unter Aufsicht: Terrarienscheiben reinigen, Grünfutter waschen, das Becken säubern. Und die Bartagamen auch einmal aus dem Terrarium nehmen, nachdem Sie ihnen die richtigen Handgriffe gezeigt haben. So wachsen Ihre Kinder spielerisch in die Verantwortung für die Tiere hinein. Mit 12 bis 14 Jahren sind sie dann fit für das ganze Pflegeprogramm. Nur die elektrischen Geräte bleiben weiterhin tabu.

Freiland und Winterruhe

Wenn Bartagamen im Sommer draußen gehalten werden, blühen sie richtig auf. Auch die Winterruhe tut ihrer Gesundheit gut und stärkt ihre Abwehrkräfte. In beiden Fällen müssen Sie ein paar Vorkehrungen treffen, damit alles glatt läuft.

SONNE UND FRISCHLUFT satt haben die wild lebenden Bartagamen in ihrem natürlichen Lebensraum. Mit einem Freilandterrarium gönnen Sie Ihren Tieren während der Sommermonate ein bisschen von diesem »Heimatgefühl«.

Den Sommer im Freien genießen

Im Sommer wird es häufig so warm, dass man Bartagamen im Freien halten kann, wenn sie dort ihre Vorzugstemperatur (→ Kasten unten) erreichen.

▶ Wie gut den Echsen der Ausflug an die frische Luft bekommt, erkennen Sie schon nach kurzer Zeit: Die Tiere wirken agiler und aufmerksamer und zeigen sich nach wenigen Tagen in ihren schönsten Farben.

▶ Auch im Verhalten erinnern sie jetzt stärker an ihre wilde australische Verwandtschaft.

▶ Das Sonnenlicht ist durch nichts zu ersetzen. Das gilt auch für den UV-Bereich. Im Vergleich zur Wirkung des natürlichen UV-Lichts ist die UV-Bestrahlung im Terrarium immer nur eine Notlösung.

▶ Auch im Sommer gibt es feuchte und kühle Nächte. Zum Schutz vor Erkältung und Lungenentzundung nachts in die Wohnung umquartieren.

▶ Draußen lebende Bartagamen sind weniger zutraulich. Sie versuchen zu flüchten, sobald sich ihr Pfleger dem Terrarium nähert und stellen dabei auch drohend den Kehlbart ab. Einige setzen sich sogar mit Bissen zur Wehr, wenn man sie anzufassen versucht. Aber keine Angst: Genauso schnell wie sie auf Distanz gegangen sind, gewinnen die Echsen das Zutrauen zu ihrem Halter wieder, nachdem sie in das vertraute Wohnungsterrarium zurückgekehrt sind.

Sicher und geschützt

Ein Freilandterrarium für Bartagamen muss bestimmte Voraussetzungen erfüllen. Neben Sonnenplätzen sind schattige Stellen und Verstecke wichtig. Unter-

---

TIPP

So bleibt der Bauch schön warm

Bei kühlen Sommertemperaturen erreichen die Bartagamen im Freilandterrarium ihre Vorzugstemperatur von 35 °C nicht. Bieten Sie Ihren Tieren mehrere Wärme speichernde Steine an, zum Beispiel aus Schiefer. In der Sonne heizen die Steine sich stark auf, und geben dann auch bei bedecktem Himmel noch lange Wärme ab.

Der Freilandaufenthalt im Sommer sorgt dafür, dass
die Bartagamen **viel lebendiger und munterer**
werden und sich in ihren schönsten Farben zeigen.

schiedliche Temperaturbereiche machen es den Echsen möglich, ihre optimale Körpertemperatur aufrechtzuhalten (→ Seite 21). Natürlich muss das Freilandterrarium ausbruchsicher sein, die Bewohner dürfen weder hinausklettern noch die Wände untergraben. Vor allem für einen längeren Außenaufenthalt braucht man eine stabile Unterkunft, deren Einzäunung ca. 50 cm tief in den Boden eingelassen ist. Als Abdeckung dient starker Maschendraht, der Angriffen von Vögeln und Katzen widersteht. Kunststoffgaze bietet hingegen keinen ausreichenden Schutz. Ein Heizstrahler sollte bei Bedarf zugeschaltet werden können, um an kühleren Tagen für Wärme zu sorgen. Und eine Heizmatte in der Schlafhöhle macht kühle und feuchte Nächte viel angenehmer.

Einfaches Freilandterrarium für stundenweises Sonnenbaden. Ein Schattenplatz darf hier nicht fehlen.

▸ Für elektrische Geräte und Strom führende Leitungen, die im Freien installiert und benutzt werden, gelten besonders strenge Vorschriften.

Sonnenbad im Kaninchenkäfig

Ein handelsübliches Terrarium eignet sich nicht fürs Freiland. Bei intensiver Sonneneinstrahlung kommt es schnell zum lebensgefährlichen Hitzestau, und darüber hinaus filtern Glasscheiben die für das Wohlbefinden der Bartagamen wichtige UV-Strahlung fast gänzlich aus. Wer das Außendomizil nicht selbst basteln möchte (→ rechts), sollte für seine Agamen einen großen Kaninchenkäfig aus Kunststoff kaufen, in dem sie ihr ausgedehntes Sonnenbad auf Balkon und Terrasse oder im Garten nehmen können. Der Käfig ist oben offen, damit die Tiere der ganzen UV-Einstrahlung ausgesetzt sind. Vergessen Sie nicht, für ausreichend Schatten im Terrarium zu sorgen, in den sich die Echsen bei Bedarf zurückziehen können. Entweder platziert man das Gehege nur zur Hälfte in der Sonne oder legt ein Brett als Schattenspender über ein Drittel des Käfigs. Berücksichtigen muss man dabei immer auch den Tagesgang der Sonne. Unbeaufsichtigt darf man das Terrarium im Freien sowieso nicht lassen. Speziell bei einer kleineren Unterkunft ist der regelmäßige Kontrollblick wichtig, da sie sich sehr leicht überhitzen kann und weniger Rückzugs- und Schattenflächen bietet als ein großzügig dimensioniertes Freilandterrarium.

Mobilbau aus Brettern

Besondere handwerkliche Fertigkeiten müssen Sie nicht mitbringen, um Ihren Bartagamen ein mobiles Freiluftdomizil selbst zu bauen. Gebraucht werden dafür lediglich schwere und glattwandige Bretter und einige Metallwinkel. Aus vier Brettern, die mit den Metallwinkeln verbunden sind, bildet man ein Rechteck. Ein auf der Konstruktion liegendes breites Brett spendet Schatten (→ Foto, Seite 94). Das Rechteck muss ohne Zwischenraum auf dem Boden auflie-

Was Sie über Winterruhe wissen sollten

Wild lebende Bartagamen legen Ruhephasen ein, um Zeiten mit niedrigen Temperaturen und kargem Futterangebot zu überstehen. Je nach Verbreitung der Arten auf dem 5. Kontinent fällt die Ruhezeit unterschiedlich lang aus und kann bis bis zu zehn Wochen dauern.

WUSSTEN SIE SCHON, DASS …

… Sonne durch nichts zu ersetzen ist?

Die UV-Lampen werden immer besser, doch natürliches Sonnenlicht ist für Bartagamen nach wie vor das Nonplusultra. Nach einem Sonnenbad im Freien – ob in einem Nagerkäfig oder ihrem Freilandterrarium – sind die Echsen viel munterer und wirken wie aufgeladen. Ein Schattenplatz ist unverzichtbar, denn selbst als Bewohner heißer Trockengebiete können sich die Agamen einen Hitzschlag holen. Die kleineren Tiere sind am meisten gefährdet.

gen, damit die Bartagamen nicht darunter hindurchkriechen können. Vorteile des Bretter-Rechtecks: sehr leicht zu bauen, kostengünstig und mobil, weil es sich ohne Aufwand an einen anderen Platz im Garten versetzen lässt. Die Echsen laufen direkt auf der Wiese herum und können nach Lust und Laune von den Wiesenpflanzen fressen. Auch hier muss man die sonnenbadenden Bartagamen immer im Auge haben.

▸ Nach jedem Aufenthalt im Freien sollten Sie die Haut der Echsen auf Zecken und Milben untersuchen.

▸ In Regionen mit extrem heißen und trockenen Sommern halten manche Bartagamen auch eine Sommerruhe.

Eingeschränkt aktiv Tiere, die Winterschlaf halten, fallen in einen Tiefschlaf, bei dem ihre Körperfunktionen nur noch auf Sparflamme laufen. Anders bei der Winterruhe: Hier ruhen die Echsen mehr als sie schlafen und haben mehrfach kurze Aktivitätsphasen, in denen sie etwas trinken oder sich eine andere Ruheposition suchen.

Ruhezeit einleiten Auch im Terrarium halten die Bartagamen Winterruhe. Sie suchen sich einen Ruheplatz, wenn der Halter den Tag-Nacht-Rhythmus des Terrariums im Spätherbst den kürzeren Tagen angleicht und die Temperatur im Becken absenkt. Das kann eine selbst gegrabene Höhle oder ein ruhiger Platz mit Sichtschutz hinter einem Stein sein. Es gibt aber auch Bartagamen, die sich nicht verstecken, sondern offen auf einem Ast liegen. Die Temperatur im Terrarium sollte jetzt ca. 18 °C betragen, die tägliche Beleuchtungszeit wird auf acht Stunden verkürzt. Sobald die Tiere auf Dauer inaktiv sind, kann das Licht ganz ausgeschaltet werden. Steht das Terrarium in einem zu warmen Raum, sollte man seine Bewohner in ein kleineres Terrarium umsetzen, das dann in ein kühles und ruhiges Zimmer kommt. Be-

reits zwei Wochen vor dem Absenken der Temperatur werden die Bartagamen nicht mehr gefüttert, damit sich ihr Darm völlig entleeren kann. Nahrung, die während der langen Ruhezeit im Darm verbleibt, würde schon bald Fäulnisprozesse in Gang setzen. Ein warmes Bad sorgt zusätzlich dafür, dass sich Magen und Darm entleeren. Trinkwasser muss den Tieren auch während der gesamten Winterruhe immer zur Verfügung stehen.

Keine Zwangspause Die meisten Bartagamen legen eine Ruhepause ein. Aber es gibt auch Individuen, die rund ums Jahr aktiv sind. Zur Winterruhe zwingen darf man diese Tiere nicht. Während ihre schläfrigen Artgenossen in ein kleineres Terrarium übersiedeln und in

MEIN HEIMTIER

Sind meine Tiere auf die Ruhepause vorbereitet?

Die Winterruhe der Bartagamen ist eine Anpassung an die schlechteren Lebensbedingungen im australischen Winter. Im Terrarium muss der Halter die Ruhephase gewissenhaft vorbereiten, damit seine Tiere keinen Schaden nehmen.

Der Test beginnt:

○ Wurde drei bis vier Wochen vor der Winterruhe eine Kotuntersuchung vorgenommen?
○ Ist die Fütterung der Agamen zwei Wochen vor Beginn der Ruhezeit ausgesetzt worden?
○ Wurden Terrarientemperatur und Beleuchtungsdauer über 14 Tage schrittweise reduziert?
○ Haben die Tiere während der gesamten Winterruhe frisches Trinkwasser zur Verfügung?
○ Steht das Terrarium in einem kühlen, abgedunkelten und ruhigen Raum?

Mein Testergebnis:

Verschieden gefärbte und gezeichnete Farbbartagamen in ihrem Freilandterrarium.

einen kühlen Raum gestellt werden, hält man für sie den normalen Terrarienbetrieb aufrecht.

Acht Wochen sind genug Eine Ruhezeit von zwei Monaten reicht für die Echsen völlig aus. Einige Terrarianer verlängern die Winterruhe auf drei Monate. Dazu muss die Terrarientemperatur weiter abgesenkt werden, sonst verlieren die Bartagamen zu viel Substanz, da ihre Körperfunktionen nicht eingestellt, sondern nur reduziert sind und die Tiere weiterhin Energie verbrauchen. Um diese lange Winterpause zu überstehen, müssen die Temperaturen deutlich unter 18 °C, meist sogar bei 12–15 °C liegen. Notwendig sind solche extremen Ruhezeiten nicht.

Ende der Winterzeit Nach acht Wochen werden Temperatur und Beleuchtung langsam wieder hochgefahren. Nahrung sollten Sie Ihren Bartagamen erst wieder anbieten, nachdem sie eine Woche bei normaler Temperatur gehalten wurden.

Ruheverbot Jungtiere bis zum Alter von vier bis fünf Monaten, trächtige Weibchen und geschwächte oder kranke Tiere sollten keine Winterruhe halten, da ihr Körper keine Reserven hat.

▶ Mit einer Kotuntersuchung (→ Seite 124) sollte der Tierarzt etwa drei bis vier Wochen vor Beginn der Winterruhe einen möglichen Parasitenbefall abklären. Da die Bartagamen während der Winterruhe nichts fressen und ihre Abwehrkräfte bei der niedrigen Umgebungstemperatur nur eingeschränkt funktionieren, können sie durch Innenschmarotzer sehr stark geschwächt werden.

Fragen zu
Haltung und Pflege

? **Meine Tiere sind im Freilandterrarium nicht mehr zutraulich. Muss ich sie später in der Wohnung erst wieder an mich gewöhnen?**

Das abweisende Verhalten ist normal für Bartagamen. In ihrer Heimat stehen sie auf dem Speiseplan vieler Feinde, selbst vor größeren Artgenossen sind sie nicht sicher. Und da ihr Lebensraum kaum Versteckplätze bietet, müssen sie wachsam sein. Anders als im Haus, wo sie sich im Terrarium sicher fühlen, ist die Situation im Freilandterrarium für sie ähnlich wie im Wildleben. Wenn sie im Spätsommer ins Haus zurückkommen, reagieren sie aber schon nach kurzer Zeit wieder zutraulich. Um für möglichst wenig Stress beim Einfangen im Freilandterrarium zu sorgen, sollten Sie Ihre Echsen nachts herausnehmen. Dabei untersucht man die Tiere auch auf Zecken und Milben, damit sie keine Parasiten ins Wohnungsterrarium einschleppen.

? **Ich halte eine einzelne Bartagame. Muss sie sich von mir anfassen lassen?**

Bei Bartagamen ist Einzelhaltung kein Nachteil, sondern der Idealfall. So leben auch die wilden Verwandten in Australien. Den Pfleger und seine Hand lernt sie schon bald als Futterquelle kennen. Da der vertraute Mensch keine Bedrohung darstellt, akzeptiert sie es auch, wenn er sie berührt. Obwohl die Bartagame den Körperkontakt zum Menschen nicht braucht, ist es wichtig, dass sie sich anfassen lässt. Das ist zum Beispiel nötig, wenn man mit ihr zum Tierarzt gehen, sie baden oder Häutungsreste entfernen muss.

? **Kann ich meine Landschildkröten zusammen mit zwei halbwüchsigen Bartagamen im Freilandterrarium halten?**

Von den Ansprüchen an die klimatischen Verhältnisse würde eine Gemeinschaftshaltung von Bartagamen und Landschildkröten durchaus passen. Doch bei Landschildkröten gehören meist Amöben zur natürlichen Darmflora. Während die Schmarotzer für Schildkröten ungefährlich sind, stellt ein Amöbenbefall für Bartagamen eine lebensbedrohliche Gefahr dar. Daher sollten Landschildkröten grundsätzlich nie gemeinsam mit anderen Reptilien gehalten werden.

? **Unsere *P. vitticeps* sind etwa 30 cm groß, wachsen aber nicht mehr. Woran liegt das?**

Es kann durchaus sein, dass Sie das Wachstum gar nicht registrieren. Wer ein Tier tagtäglich sieht, bemerkt Veränderungen kaum noch. Zur Kontrolle sollten Sie Ihre Bartagamen einmal pro Woche wiegen und auch ihre Körpergröße messen. Haben Sie jedoch den Eindruck, dass etwas nicht in Ordnung ist, müssen zuerst die Haltungsbedingungen wie Licht, Temperatur und Futterzusammenstellung

überprüft werden. Vor allem unzureichende UV-Bestrahlung wirkt sich negativ auf Verhalten und Gesundheit aus. Parallel dazu bringt eine Kotuntersuchung Klarheit, ob möglicherweise eine Krankheit die Ursache des Wachstumsstillstands ist.

? Ich möchte einen Wasserfall ins Terrarium einbauen, aus dem die Bartagamen trinken können. Ist das sinnvoll?
Der Wasserfall in einem Terrarium für Bartagamen ist keine gute Idee. Die Bewohner brauchen trockene Luft, durch den Wasserfall würde aber die Luftfeuchtigkeit zu stark ansteigen. Weiterer Nachteil: Die Futtertiere ertrinken im Wasser. Darüber hinaus gestaltet sich die Beckenreinigung umständlich, weil man den Wasserfall dazu jedesmal herausnehmen muss. Ohne regelmäßige Reinigung wird er schnell zur gefährlichen Keimquelle. Wenn die Bartagamen stehendes Wasser nicht erkennen, versetzt

man die Wasseroberfläche der Trinkschale mit einer elektrischen Aquarienluftpumpe in Bewegung. Die Pumpe steht außerhalb des Terrariums und bläst über einen Schlauch Luft ins Wasser. Damit nicht zu viel verdunstet, sollte sich die Wasseroberfläche nur ganz leicht bewegen.

? Ich will ein Elektrokabel ins Terrarium legen. Kann ich das Loch dafür selbst bohren?
Es gibt Spezialfirmen, die solche Öffnungen professionell in ein Glasterrarium bohren, auch direkt beim Kunden. Billig ist das jedoch nicht. Mit einem Diamantbohrer schaffen Sie das auch selbst. Leider sind solche Bohrer sehr teuer. Die Öffnung muss so groß sein, dass der Stecker hindurchpasst. Bei Elektrogeräten, die mit Feuchtigkeit in Berührung kommen, darf der aus Sicherheitsgründen mit der Leitung verschweißte Stecker nicht abgeschnitten und ersetzt werden. Am

besten wählt man schon beim Kauf des Terrariums ein Modell mit Durchführungen für die Elektrokabel.

? Obwohl es nachts kälter wird, sind die Tage noch warm. Trotzdem schläft meine Bartagame auch tagsüber. Soll ich die Heizung hochdrehen?
Ihre Bartagame hält schon Winterruhe. Die Echsen richten sich nicht nach dem Kalender, die Ruhezeit kann vielmehr individuell sehr unterschiedlich anfangen. Jetzt ist es bei Ihrem Tier schon zu spät, um noch entsprechende Vorbereitungen zu treffen. Damit die Echse ihre Winterruhe fortsetzen kann, müssen Sie Heizung und Beleuchtung nun auch am Tag ausschalten. Eine Absenkung der Temperatur in der Nacht brauchen Bartagamen zu jeder Jahreszeit. Auch in ihrer australischen Heimat kann es nachts ausgesprochen kühl werden. Die nächtliche Abkühlung ist für das Wohlbefinden der Tiere sehr wichtig.

Erfolgreich züchten

Die Zucht mit Bartagamen ist nicht schwierig. Auch Neulinge in der Reptilienpflege erzielen mit ein paar Grundkenntnissen, etwas Geduld und Fingerspitzengefühl gute Zuchterfolge.

Von der Paarung bis zur Aufzucht der Jungtiere

Australische Reptilien dürfen seit vielen Jahren nicht mehr exportiert werden. Der Nachzucht bei uns kommt daher eine große Bedeutung zu: Sie ist die einzige Möglichkeit, die Bestände der Bartagamen in den Terrarien zu erhalten.

DIE BLUTAUFFRISCHUNG mit wild lebenden Tieren ist eine wichtige züchterische Maßnahme, um die genetische Basis der Zucht zu vergrößern und zu stabilisieren und das Risiko von Defektzuchten möglichst klein zu halten. Wegen des strikten Ausfuhrverbots der Echsen aus Australien besteht diese Möglichkeit für die Bartagamen-Züchter nicht, was sie zu besonderer Verantwortung bei ihren Zuchtvorhaben verpflichtet.

Grundkenntnisse der Bartagamenzucht

Mindestens ein Jahr alt Für jeden Halter, der mit Bartagamen züchtet, sollte es selbstverständlich sein, dass er nur kräftige und völlig gesunde Tiere auswählt, die alle typischen Merkmale der Art (→ Porträts, Seite 12–15) zeigen. Um die Risiken von Erbschäden einzugrenzen, dürfen die Elterntiere nicht verwandt sein. Bartagamen können sehr früh geschlechtsreif werden; in Einzelfällen setzen die Weibchen bereits mit sechs Monaten ihr erstes Gelege ab. Normalerweise werden die Echsen aber zwischen dem 9. und 12. Lebensmonat fortpflanzungsfähig. Um die Gesundheit der Tiere zu schützen, sollte man sie je-

doch erst zur Zucht einsetzen, wenn sie mindestens ein Jahr alt sind.

Geschlechtsunterschiede Unverwechselbare äußere Geschlechtsunterschiede gibt es bei den Bartagamen nicht. Daher haben Anfänger häufig Schwierigkeiten, das Geschlecht der Tiere zu bestimmen. Als Faustregel gilt: Die Männchen sind größer und breiter und wirken deutlich muskulöser als die Weibchen. Ihr Kopf ist größer und rundlicher, die Stacheln sind stärker und der Kehlbart erscheint bei Erregung dunkler. Es gibt aber auch Weibchen, die diese Merkmale zeigen, und Männchen, die mehr das Aussehen weiblicher Tiere aufweisen.

In der Natur haben die Agamen viele Feinde. Diese junge P. henrylawsoni beobachtet aufmerksam ihre Umgebung, um sich bei Gefahr sofort in Sicherheit zu bringen.

Geschlechtsunterschiede

▶ **1** **Männerkopf – Frauenkopf** Der Kopf eines erwachsenen Männchens von *P. vitticeps* (im Foto links) ist massiger, breiter und stacheliger als der des weiblichen Tieres.

▶ **2** **Typisch Weibchen** Bei Bartagamen-Weibchen erkennt man keine Hemipenistaschen. Die Schenkelporen sind kaum ausgebildet.

▶ **3** **Typisch Mann** Die Hemipenistaschen sitzen beim Männchen beiderseits des Schwanzansatzes. Die Schenkelporen sind gut sichtbar.

Schenkel- und Präanalporen Anhand der Schenkelporen an den Unterseiten der Oberschenkel und der vor der Analöffnung sitzenden Präanalporen kann man das Geschlecht erwachsener Tiere bestimmen. Beim Männchen sind die Poren gut sichtbar (→ Foto, rechte Seite) und mit Sekret gefüllt, während sie beim Weibchen kaum ausgebildet sind. Mit dem Sekret setzen die Agamen Duftmarken ab, die vom Menschen aber nicht wahrgenommen werden können.
Hemipenistaschen Am besten erkennt man das Geschlecht an den Hemipenistaschen der Männchen. Echsen haben zwei Hemipenisse, die in Taschen unter der Schwanzbasis sitzen. Biegt man den Schwanz des Männchens nach oben, treten die Taschen hervor (→ Foto, rechte Seite). Nur bei übergewichtigen Tieren ist diese Art der Geschlechtsbestimmung manchmal schwierig, da der Schwanz als Fettspeicher dient und zu viel Fett die Taschen verdeckt. Bei Jungtieren haben allerdings auch erfahrene Züchter mit dieser Methode Probleme.

Winterruhe ist wichtig

In Australien halten Bartagamen je nach geografischer Breite eine bis drei Monate dauernde Winterruhe. Mit steigenden Temperaturen werden sie wieder aktiv und beginnen mit der Fortpflanzung. Die Winterruhe ist damit auch eine wichtige Voraussetzung für die erfolgreiche Zucht. Während der Ruhephase reifen Ei- und Samenzellen, die steigenden Außentemperaturen lösen dann die Paarungsaktivitäten aus. Darüber hinaus synchronisiert die Ruhezeit auch das Fortpflanzungsverhalten von Weibchen und Männchen.

Balz und Paarung

Wenn die Tiere getrennt gehalten werden, setzt man das Weibchen am besten zum Männchen. Einige Männer stellen nämlich die Paarungsaktivitäten ein, sobald man sie aus ihrem Revier entfernt.
▶ Die Balz des Männchens beginnt mit heftigem Kopfnicken, zum Teil führt

es mit seinem Oberkörper schnelle, liegestützartige Bewegungen aus. Es zeigt seine schönsten Farben, die Kehle ist jetzt tiefschwarz. Das Weibchen antwortet mit Ärmchendrehen (→ Unterwürfigkeitsgeste, Seite 25) und manchmal mit langsamen Liegestützen. Ihr Partner umkreist sie kopfnickend, legt sich neben sie und beißt in ihre Nackenstacheln. Hat sie den Schwanz nicht angehoben, versucht er ihn mit den Hinterbeinen hochzuheben, um seinen Schwanz unter ihren zu legen. Dann führt er einen Hemipenis in ihre Kloake ein.

▸ Die Paarung dauert weniger als zehn Minuten. Der Paarungsvorgang sieht für den Betrachter ziemlich ruppig aus. Besonders wenn das Weibchen anfangs eher abweisend reagiert, geht das Männchen recht brutal vor. Zu schweren Verletzungen kommt es aber selbst in solchen Situationen nicht, meist bleiben lediglich einige oberflächliche Bissspuren im Nackenbereich zurück.

▸ Die Weibchen können das Sperma in den Eileitern speichern, sodass eine Paarung für mehrere Gelege reicht. Diese Vorratsbefruchtung ist bei der meist geringen Siedlungsdichte in den Trockengebieten, wo männliche Partner nur selten zur Verfügung stehen, von großem Vorteil. Mit jedem neuen Gelege wird die Zahl der befruchteten Eier jedoch geringer. Die Bartagamen paaren sich fast immer vormittags.

TIPP

Nur mit gesunden Tieren züchten

Bartagamen-Weibchen sind sehr produktiv und legen im Jahr viele Eier. Das ist anstrengend und belastet den Organismus außerordentlich stark. Daher dürfen grundsätzlich nur solche Tiere zur Zucht eingesetzt werden, die sich in einem guten Allgemeinzustand (→ Seite 124) befinden und gesund sind.

Hat das Weibchen endlich den richtigen Ablageplatz gefunden, **gräbt es einen Gang in die Erde** und legt seine Eier am Ende des Ganges ab.

Eireifung

In den Wochen nach der Paarung ändert sich das Verhalten des Weibchens: Es sonnt sich länger und entwickelt einen gewaltigen Appetit, um ihre vielen Eier bilden zu können. Jetzt ist hochwertiges Futter wichtig. Eine kalorienreiche, mit Vitaminen und Mineralstoffen (→ Seite 82) angereicherte Kost unterstützt die Eibildung. Zusätzlich kann man Kalk in Form zerkleinerter Sepiaschalen anbieten und ab und zu auch eine nackte tote Maus (→ Seite 81).

Männer raus! Falls das Männchen das trächtige Weibchen in dieser Phase zu sehr bedrängt, sollte das Paar getrennt werden. Am besten zieht der Mann um, damit das Weibchen in der gewohnten Umgebung bleiben kann.

Deutlich zeichnen sich bei diesem trächtigen Weibchen von P. henrylawsoni die Eier am Hinterleib ab.

Der beste Platz für die Eier

Spätestens zur Eiablage sollte das Männchen das Terrarium verlassen. Wird das Weibchen zu oft gestört oder findet es keinen geeigneten Eiablageplatz, kann es zu einer lebensbedrohlichen Legenot (→ Seite 128) kommen.

▸ Je nach Umgebungstemperatur findet die Eiablage 24–32 Tage nach der Paarung statt – meist nachmittags. In der letzten Trächtigkeitsphase wird der Bauch des Weibchens rundlicher, manchmal erkennt man einzelne Eier durch die Haut. Wenige Tage vor der Ablage nimmt die werdende Mutter kein Futter mehr an, ein sicheres Zeichen, dass es bald so weit ist.

▸ Es sollten mehrere Ablageplätze im Terrarium zur Verfügung stehen. Der ideale Ablageplatz ist so lang wie das Weibchen selbst und mindestens 20 cm tief. Als Substrat eignen sich Sand oder ein Sand-Erde-Gemisch. Die Mischung muss feucht, darf aber nicht nass sein. Die Erde muss fest angedrückt werden, da die Echse ihre Eier nicht in lockere Erde legt. Sie muss sich auch vollständig eingraben können. Plätze unter Steinen und Wurzeln werden bevorzugt gewählt.

▸ Ein Heizstrahler erwärmt den Legeplatz auf 25 °C. Heizmatten eignen sich nicht, weil das Weibchen Wärme, die von unten kommt, instinktiv meidet und den Ablegeort ablehnt.

▸ Einige Tage vor der Ablage führt das Weibchen »Probegrabungen« durch und wühlt nicht selten den gesamten Terrariengrund um, wobei es mit den Vorderbeinen gräbt und den Sand mit den Hinterbeinen aus der Höhle schiebt. In der Natur legen die Weibchen lange Röhren an, im Terrarium stürzen solche Gänge meist ein.

▸ Ist der richtige Platz gefunden, legt die Bartagame die Eier am Ende der Höhle ab. Das kann bis zu drei Stunden dauern. Danach verschließt sie den Gang und drückt den Sand mit dem Kopf fest.

lichst schnell zu erholen. Häufig genug muss sie sich nämlich bereits drei oder vier Wochen später wieder um das nächste Gelege kümmern.
Kindersegen Die Bartagamenweibchen legen drei- bis viermal im Jahr Eier, zum Teil auch öfter. Mit vier bis fünf Jahren sind sie hinsichtlich Gelege- und Eizahl am produktivsten, haben aber oft auch mit zehn Jahren noch gesunde Gelege.

WUSSTEN SIE SCHON, DASS …

… ganz junge Bartagamen sehr schnell wachsen?

Junge *Pogona vitticeps* wachsen in den ersten Lebenswochen oft mehr als einen Zentimeter innerhalb von 24 bis 48 Stunden. Das Größenwachstum vollzieht sich nur schubweise. Auf jeden Schub folgt ein mehrtägiger Stillstand. Die Energie für das Wachstum liefern hauptsächlich Insekten, die unbedingt auf den täglichen Speiseplan der Jungtiere gehören. UV-Licht und Vitamin-Mineralstoffpräparate verhindern Mangelerscheinungen.

▸ Der Ablageplatz ist so gut getarnt, dass man ihn später kaum findet. Manche Weibchen bleiben einige Zeit an diesem Platz und verteidigen ihn. Eine Brutfürsorge findet aber nicht statt. Die Eiablage darf nicht unterbrochen werden. Ein Weibchen, das direkt nach der Ablage entfernt wird und die Legehöhle nicht verschließen kann, führt zwanghaft immer wieder die gleichen Handlungen aus.

▸ Nach der Ablage hat die Mutter Ruhe nötig. Sie trinkt viel und braucht jetzt energiereiche Nahrung, um sich mög-

Eizeitigung und Schlupf

Hat das Weibchen die Ablagehöhle verschlossen, sollten die Eier umgehend entnommen und in eine durchsichtige und luftdicht schließende Brutbox mit dem Brutsubstrat gebettet werden. Die Box kommt dann in den Brutkasten (→ Seite 109 und Foto, Seite 107).
Gelegegröße Unter den kontrollierten Verhältnissen im Brutschrank ist die Zeitigung viel erfolgreicher als im Terrarium. Die Anzahl der Eier pro Gelege schwankt bei *P. vitticeps* zwischen 15

und 30, es gibt aber auch Gelege mit bis zu 60 und mehr Eiern. Größere und ältere Weibchen haben größere Gelege.

Eigröße Die ovalen und weichschaligen Eier sind 27 x 17 mm groß und wiegen durchschnittlich 3,7 Gramm. Im Laufe ihrer Entwicklung legen sie an Größe und Gewicht zu und bringen es vor dem Schlupf bei einem Gewicht von 7–7,5 Gramm auf 27–29 mm Länge und 19–20 mm Breite .

Inkubieren der Eier Als Brutsubstrat eignen sich die Gesteinsart Perlit und das Mineral Vermiculit (→ Foto, rechte Seite). Beide speichern Wasser sehr gut. Das Substrat versetzt man im Gewichtsverhältnis 1 : 0,8 mit Wasser und gibt es in kleine Plastikdosen, die bis zur Hälfte damit gefüllt werden. Die Brutdosen haben keine Löcher.

▸ Die Eier werden so tief ins Substrat eingegraben, bis sie nur noch zu etwa einem Drittel herausschauen. Auf diese Weise lässt sich das Gelege jederzeit leicht kontrollieren.

▸ Nicht vergessen darf man dabei das Größenwachstum der Eier: Sie müssen so platziert werden, dass sie sich auch später nicht berühren. Unbefruchtete Eier beginnen relativ schnell zu schimmeln. Nur ein ausreichender Abstand zum Nachbar-Ei verhindert, dass der Schimmel auf gesunde Eier übergreift. Schimmelnde, stinkende und erkennbar geschädigte Eier sollten umgehend entfernt werden.

▸ Werden die frisch gelegten Eier vom Terrarium in den Brutschrank überführt, spielt eine Lageveränderung keine Rolle. Vorsichtig sein muss man jedoch bei Eiern, die schon geraume Zeit im Terrarium oder Brutkasten liegen. Anders als Vogeleier besitzen Reptilieneier keine Eischnur, die eine Lageveränderungen ausgleicht. Im ungünstigsten Fall drückt der Eidotter auf den Embryo und unterbindet so die Sauerstoff- und Blutzufuhr. Deshalb sollte die Oberseite der Eier mit einem schadstofffreien Stift markiert werden, um unbeabsichtigte Lageveränderungen bei Bedarf korrigieren zu können.

▸ Die ideale Inkubationstemperatur liegt zwischen 26 und 30 °C, bei viel zu tiefen oder hohen Temperaturen sterben die Embryonen ab oder werden missgebildet. Meist kommt es nicht zum Schlupf, obwohl die Tiere vollständig entwickelt sind. Dieser Fall tritt auch ein, wenn die Eier zu feucht inkubiert wurden.

Das Schlüpfen Die Jungen schlüpfen nach 53–70 Tagen, wobei zwischen dem Schlupf der ersten und letzten einige Tage vergehen können. Kurz vor dem Schlupf beobachtet man manchmal ein »Schwitzen« mit Tröpfchenbildung auf der Oberfläche der Eier, ein Indiz dafür, dass es im Brutkasten zu feucht war.

▸ Wird die Bruttemperatur in den Nachtstunden um 3 bis 4 °C abgesenkt, kommen kräftigere Jungtiere zur Welt, gleichzeitig verlängert sich aber die Brutzeit. Die Absenkung lässt sich mit einer Zeitschaltuhr regeln, die den Brutkasten nachts für mehrere Stunden ausschaltet.

▸ Obwohl die Eier in luftdichten Boxen liegen, müssen sie nicht gelüftet werden, der Sauerstoff reicht für die gesamte Eizeitigung. Den transparenten Deckel muss man zur Kontrolle der Eier nicht abnehmen. Damit entfällt auch das riskante Nachwässern, bei dem viel schiefgehen kann, wenn zum Beispiel das Gelege allzu stark angefeuchtet wird.

1 Immer die beste Bruttemperatur Dieser Brutkasten (Foto in Aufsicht) hat sich für die Zeitigung von Bartagamen-Eiern bewährt. Gesteuert wird er über ein (hier schwarzes) Thermostat an der Oberseite.

Das richtige Brutsubstrat Die Echseneier werden mit Abstand zueinander in dicht schließende Boxen gelegt, die mit Vermiculit (→ linke Seite) gefüllt sind. Danach kommen die Behälter in den Brutkasten. **2**

3 Harte Arbeit Mit Hilfe ihres Eizahns hat die kleine Bartagame das Ei aufgeschlitzt und steckt jetzt ihren Kopf heraus, um Luft zu bekommen. Sie bleibt in dieser Position, bis der Eidotter völlig aufgebraucht ist.

Auf eigenen Füßen Das gerade erst geschlüpfte Jungtier ist sofort selbstständig und vollkommen überlebensfähig. Dank des aufgezehrten Dottervorrats braucht es in den nächsten Tagen noch keine Nahrung. **4**

◀ An der Schnauzenspitze zwischen Ober- und Unterkiefer kann man bei dieser gerade geschlüpften Pogona vitticeps den winzigen Eizahn erkennen, mit dem sie gerade ihr Ei von innen geöffnet hat.

▶ Anfänger können nur sehr schwer erkennen, ob Eier unbefruchtet oder gar schon abgestorben sind. Daher ist es am einfachsten, wenn alle Eier so lange im Brutkasten bleiben, bis die Jungtiere schlüpfen oder die Eier zu schimmeln beginnen.

▶ Früher ging man davon aus, dass die Bruttemperatur auch das Geschlecht der Jungtiere beeinflussen kann. Das hat sich nicht bestätigt. Allerdings

INFO

Wie arbeitet ein Inkubator?

In einem Inkubator oder Brutschrank herrschen Bedingungen, die fürs Erbrüten der Eier ideal sind. Die Temperatur lässt sich über ein Thermostat exakt einstellen. Wichtig ist, dass sie während der gesamten Inkubationszeit eingehalten wird. Die Luftfeuchtigkeit wird über den Wasseranteil im Brutsubstrat geregelt.

schlüpfen bei niedrigeren Brutkastentemperaturen (26–27 °C) in der Regel kräftigere Jungen.

▶ Beim Schlüpfen sind die Jungtiere 9–11 cm groß und wiegen 2,8–3 g. Mit dem Eizahn schlitzen die kleinen Bartagamen die Eihaut auf. Der Eizahn sitzt auf der Schnauzenspitze (→ Foto oben) und fällt nach dem Schlupf ab. Ein Schlupfvorgang kann mehrere Stunden dauern. Das Junge bleibt während dieser Zeit noch im Ei und streckt lediglich seinen Kopf zur besseren Atmung heraus. Jetzt atmet es zum ersten Mal über die Lungen. Zu diesem Zeitpunkt werden auch die letzten Dotterreste in den Körper verlagert. Falls nach dem Schlüpfen die Bauchdecke noch offen ist oder nicht der gesamte Dotter aufgenommen wurde, sollten solche Jungtiere für ein paar Tage weiter in der Brutbox mit ihren idealen Lebensbedingungen bleiben. Das schützt auch davor, dass Schmutz und Fremdkörper in den offenen Bauchraum gelangen.

Das richtige Brutgerät

Inkubatoren (→ Info, linke Seite) gibt es in unterschiedlichen Ausführungen. Die Flächenbrüter bestehen aus zwei Kunststoffschalen. Ein thermostatgesteuertes Heizkabel im Deckel der oberen Schale heizt die Brutboxen im Bodenteil. Die etwa 100 Euro teuren Geräte arbeiten sehr zuverlässig. Einen Brutkasten kann man sich aus zwei ineinanderstehenden Aquarien aber auch relativ leicht selbst bauen. Das äußere Becken wird zu einem Drittel mit Wasser gefüllt und von einem Aquarienheizer mit Thermostat auf Bruttemperatur gebracht. Das innere Aquarium nimmt die Brutboxen auf und schützt die Eier vor Nässe. Die Boxen werden mit einem Deckel verschlossen. Auch dieses einfache Brutgerät funktioniert meist fehlerfrei. Wer keinen Brutkasten verwenden will, stellt die luftdichten Brutboxen mit den Gelegen an einen 26–30 °C warmen Platz, zum Beispiel über den Terrarienlampen. Zuverlässig ist diese Methode allerdings nicht, da die richtige Bruttemperatur leicht überschritten wird, was zum Absterben der Embryonen führen kann.

Aufzuchtterrarien

Das Terrarium für die Aufzucht der kleinen Bartagamen darf nicht zu groß sein und sollte einfach eingerichtet werden. Da die Jungtiere noch ziemlich ungeschickte Jäger sind, die erst nach und nach Jagdroutine bekommen, machen sie in einem kleineren Terrarium leichter Beute. Die spärliche Dekoration verhindert darüber hinaus, dass sich ihre Beutetiere verstecken können. Für den Anfang ist ein oben offenes 60-Liter-Aquarium die beste Empfehlung.

CHECKLISTE

Das brauchen junge Bartagamen in den ersten drei Monaten

So wachsen die Jungtiere gesund auf.

○ Einzeln oder in Gruppen bis zu acht Tieren aufziehen, niemals nur zu zweit.

○ Sparsames Terrarieninventar: Sonnenplatz, Kletterwurzel und Wassergefäß

○ Geeigneter Bodengrund: Sand mit viel Lehm, Fließpapier oder Kalksand

○ Täglich Kot entfernen

○ Jeden 2. Tag tränken und bei 25–30 °C Wassertemperatur baden

○ Immer so viel füttern, dass ständig 2–3 Futtertiere im Terrarium übrig bleiben.

○ Während der Nachtstunden dürfen keine Futtertiere im Becken bleiben, da sie die jungen Bartagamen anfressen könnten.

○ Nie zu viele Futtertiere einsetzen, damit sie nicht ständig über die Echsen laufen.

○ Alle Futtertiere vor dem Verfüttern mit Vitamin-Mineralstoff-Pulver bestäuben.

○ Jungtiere möglichst früh an das Grünfutter gewöhnen.

○ Jeden 2. Tag für 15 min. mit UV-Lampe (Osram-Ultra-Vita-lux) oder täglich während der gesamten Beleuchtungsphase mit einer UV-Röhre bestrahlen.

MEIN HEIMTIER

Kann ich meine *Pogona vitticeps* zur Zucht einsetzen?

Bartagamen dürfen nicht aus Australien ausgeführt werden. Für den Erhalt in den Terrarien ist daher eine strenge Zuchtauswahl besonders wichtig. Zur Zucht eingesetzt werden dürfen nur arttypische und gesunde Tiere ohne Erbschäden.

Der Test beginnt:

○ Sind die Elterntiere meiner Bartagamen kräftig und frei von Krankheiten?
○ Stammt mein Zuchtpaar von verschiedenen Eltern ab?
○ Sind beide Tiere normal groß: das Männchen mind. 44 cm, das Weibchen mind. 40 cm?
○ Haben die Bartagamen keine deformierten Knochen oder andere Behinderungen?
○ Sind beide Zuchttiere mindestens neun bis zwölf Monate alt?

Mein Testergebnis:

Wärmestrahler Beheizt werden kann das Aufzuchtbecken mit einem Klemmstrahler mit Glühbirne. Wirkungsvoller ist eine spezielle Licht- und Wärmequelle, wie die Lucky-Reptile-Bright-Sun-UV-Desert 50 Watt, die sehr hell ist und viel UV-Licht liefert (→ Seite 42). Achten Sie darauf, dass der empfohlene Mindestabstand eingehalten wird, um Verbrennungen zu verhindern. Verwendet man nur eine normale Glühbirne, müssen die Jungtiere jeden 2. Tag für 15 Minuten mit einer Osram-Ultra-Vitalux (→ Seite 45) bestrahlt werden.

Bodengrund Sand kommt als Bodengrund nicht in Frage, da er von den noch ungeschickten Jungjägern mitgefressen wird und den Darm verstopfen kann. Für die ersten Wochen eignet sich Zeitungs- oder Fließpapier. Möglich ist auch ein Kalkbodengrund, der bei Verzehr vollständig verdaut wird. Da er aber nicht sehr fest ist, bietet er keine gute Lauffläche. Von den Eigenschaften ist Wüstensand mit einem hohen Lehmanteil perfekt und sieht auch besser aus als die anderen Lösungen. Er muss nass eingebracht und fest angedrückt werden. Beim Trocknen härtet er aus und gibt keine Teilchen mehr ab. Und zum Laufen ist er nahezu ideal.

Einrichtung Das Inventar besteht aus einem Trinkgefäß und einer Kletterwurzel, auf die von oben der Wärmestrahler gerichtet ist. Ein Thermometer darf nicht fehlen. Bei gutem Wachstum können die Jungen nach einigen Wochen in ein größeres Terrarium umziehen.

Die Pflege der Jungtiere

Die Pflege des Agamen-Nachwuchses gestaltet sich etwas aufwendiger als die erwachsener Tiere. Während der ersten Wochen kann man mehrere Jungtiere gemeinsam pflegen. Der Futterneid untereinander erweist sich bei der Aufzucht sogar als Vorteil. Ab dem 3.–5. Tag fressen die Jungen selbstständig. Als Erstfutter bieten sich Wachsmaden und frisch gehäutete Mehlwürmer an. Die jungen Reptilien würden schnell laufende Futtertiere nicht erwischen. Alle zwei Tage bestäubt man das Futter mit einem Vitamin-Mineralstoffpräparat. Gewöhnen Sie die Kleinen früh an Grünfutter (→ Seite 82), sonst verweigern sie es später. Der Wassernapf wird nur von wenigen Jungen sofort genutzt. Deshalb tränkt man die Tiere entweder täglich mit der Pipette oder gönnt ihnen ein Bad. Beim Baden trinken sie immer, und der Badeausflug wird sichtlich genossen. Gleichzeitig können die Jungen dabei mit UV-Licht bestrahlt werden. Da das Bad die Verdauung anregt, muss das Badebecken nach jedem Besuch gründlich gereinigt werden. Mehrere Tiere können problemlos gemeinsam baden. Der Wasserstand sollte nur so hoch sein, dass sie sicher stehen können und nicht in Panik geraten.

Beißer müssen die Gruppe verlassen

Bei der gemeinsamen Aufzucht der Jungtiere kann es vorkommen, dass ein Tier seine Artgenossen immer wieder in Schwanz und Zehen zu beißen versucht. Ein solcher Beißer muss umgehend aus der Gruppe genommen werden, um weiteres Unheil zu verhindern. Leider sind das keine Einzelfälle, und man sieht relativ häufig Bartagamen mit verkürzten Schwänzen. Schon nach kurzer Zeit lässt sich in der Gruppe eine erste Rangordnung erkennen und man kann alle Facetten des Sozialverhaltens der Echsen beobachten (→ Seite 22 ff.). Da die Jungen unterschiedlich schnell wachsen, muss man die Gruppe manchmal schon

Die Jungtiere müssen vor allem mit Insekten gefüttert werden, um gesund aufzuwachsen.

nach wenigen Wochen aufteilen, damit kleinere Tiere nicht unterdrückt oder sogar gefressen werden. Unter besten Haltungsbedingungen bringen es die Bartagamen am Ende des ersten Lebensjahres auf eine Größe von fast 50 cm. Geschlechtsreif werden sie meist aber schon mit etwa 40 cm.

Junge Bartagamen sind sehr futterneidisch und streiten sich häufig um die angebotene Nahrung.

Fragen zur
Paarung und Jungenaufzucht

? Das Terrarium steht in einem Raum, der benutzt und im Winter beheizt wird. Können die Echsen hier überwintern?
Wenn die Temperatur im Zimmer über 20 °C liegt, schlafen die Bartagamen nicht sehr tief. Ihre Winterruhe wird dann relativ oft durch Aufwachphasen unterbrochen. Für eine Überwinterung sind Temperaturen von etwa 18 °C ideal. Ständiges Kommen und Gehen im Zimmer wirkt sich ebenfalls störend aus. In diesem Fall sollten Sie die Terrarienscheiben verhängen oder zukleben. Empfehlenswerter ist das Umsetzen der Tiere in ein kleineres Terrarium, dass in ein ruhiges und kühleres Zimmer gestellt wird.

? Darf ich zur Zucht ein Männchen mit zwei Weibchen im Terrarium zusammensetzen?
Das bereitet keine Probleme – vorausgesetzt, das Terrarium ist groß genug. Das Männchen paart sich dann

mit beiden Weibchen. Die gleich großen Weibchen verstehen sich meist gut. Die Gemeinschaftshaltung von einem Männchen mit mehreren Weibchen ist prinzipiell immer besser als eine paarweise Haltung, weil sich die möglicherweise aggressiven Aktionen des Männchens auf mehrere Weibchen verteilen.

? Das trächtige Weibchen atmet schwer, frisst nicht und ist unruhig. Was muss ich machen?
Ihr Weibchen findet offenbar keinen geeigneten Platz für die Eiablage, oder das Männchen stört sie beim Graben. Zuerst sollten Sie den Mann herausnehmen und der werdenden Mutter dann geeignete Ablageplätze anbieten (→ Seite 104). Führt das nicht zum Erfolg oder verschlimmert sich der Zustand des Weibchens, indem es immer apathischer wird, ist schnelle Hilfe vom Tierarzt gefragt. Möglicherweise besteht nämlich eine lebensbedrohliche Legenot.

Der Tierarzt versucht, die Eiablage mit Medikamenten einzuleiten. Bleibt aber auch das erfolglos, muss er die Jungtiere mit einem Kaiserschnitt auf die Welt bringen.

? Muss das Zuchtpaar immer verschiedene Eltern haben?
Wenn man Geschwister verpaart, besteht ein deutlich erhöhtes Risiko, dass eventuelle Erbschäden an die Folgegenerationen weitergegeben werden. Diese Gefahr ist bei nicht blutsverwandten Tieren sehr viel geringer. Nur wenn das Elternpaar nachweislich frei von Erbschädigungen oder anderen negativen Merkmalen ist, können in Ausnahmefällen auch Geschwister verpaart werden. Sollen bestimmte Merkmale durch die Zucht verstärkt werden (→ Seite 115), ist die Paarung von Familienmitgliedern häufig unerlässlich. Für die Echsen selbst spielt die Verwandtschaft keine Rolle, sie wissen nicht, dass ihr Partner ein Geschwistertier ist.

? **Ist es in Ordnung, wenn ich mein Farbbartagamen-Männchen mit einem wildfarbenen Weibchen verpaare?**
Das ist problemlos möglich, da beide Tiere ja zur selben Art gehören. Die Nachzuchten können dann Merkmale des Vaters, der Mutter oder beider Elterntiere tragen. Welche Merkmale sich in den Folgegenerationen ausprägen, hängt davon ab, ob die Eigenschaften dominant oder rezessiv (→ Seite 117) vererbt werden.

? **Mein Bartagamen-Weibchen ist viel größer als das Männchen. Es kommt daher nicht zur Paarung. Was soll ich tun?**
Ist das Weibchen erheblich größer als das Männchen und darüber hinaus noch dominant, kann es seinen kleinen Partner so sehr einschüchtern, dass der keine Paarungsaktivitäten zeigt. In diesem Fall gibt es nur eine Lösung: den kleinen Mann durch einen größeren und selbstbewussteren ersetzen.

? **Ist die Winterruhe unabdingbare Voraussetzung für die Zucht?**
Nein, denn einige wenige Bartagamen halten keine Winterruhe und andere verpaaren sich schon im ersten Jahr vor der Ruhezeit. Bei den wild lebenden Arten reifen die Eizellen während der Winterruhe. Zusätzlich werden die Fortpflanzungsaktivitäten der Geschlechter zeitlich synchronisiert: Mit den steigenden Frühjahrstemperaturen erwachen die Echsen aus der Winterruhe und kommen gleichzeitig in Paarungsstimmung. Unter Terrarienbedingungen kann es auch ohne diese Ruhezeit Paarungen geben. Das hängt dann jedoch davon ab, dass beide Zuchttiere zugleich in Fortpflanzungsstimmung kommen. Für die Zucht ist eine Winterruhe auf jeden Fall hilfreich. Darüber hinaus fördert die Zeit der Inaktivität das Wohlbefinden der Bartagamen und erhöht ihre Lebenserwartung. Tiere ohne Winterruhe sind deutlich krankheitsanfälliger.

? **Die eben erst geschlüpften Jungen wollen nicht fressen. Gibt es einen Grund dafür?**
Bei den Bartagamen lagern die Embryonen kurz vor dem Schlupf noch nicht verbrauchte Dotterreste in ihren Körper ein. Die geschlüpften Jungtiere können von diesem Nahrungsvorrat noch zwei bis fünf Tage leben. Wenn sie aber auch dann noch nicht fressen, muss man die Aufzuchtbedingungen überprüfen (→ Seite 109). Als Erstfutter sollten Sie helle Futtertiere anbieten, die sich nur sehr langsam bewegen können, etwa kleine Wachsmaden und frisch gehäutete Mehlwürmer. Es kann jedoch durchaus vorkommen, dass ein ganzes Gelege nicht überlebensfähig ist. Dann war das Eier produzierende Weibchen krank oder wurde nicht genügend beziehungsweise falsch ernährt. Die Produktion eines großen Bartagamen-Geleges ist für das Muttertier außerordentlich anstrengend.

7

Die beliebtesten Farbbartagamen

Farbbartagamen gibt es in vielen außergewöhnlichen Farben und auffälligen Zeichnungen. Neben der Stammform *Pogona vitticeps* gehören sie heute zu den beliebtesten Terrarientieren.

Sensible Schönheiten für erfahrene Terrarianer

Sie sind schön, sie sind empfindlich und sie bleiben meist kleiner als ihre farblich unscheinbaren Verwandten: Die Haltung und vor allem die Zucht von Farbbartagamen setzen viel Erfahrung und Grundkenntnisse der Vererbungslehre voraus.

FÜR VIELE REPTILIENFREUNDE stellt die Pflege von Farbbartagamen das Nonplusultra dar, gleichsam die Luxusklasse der Terraristik. Der Blick auf die zum Teil atemberaubenden Zeichnungen und intensiv leuchtenden Farben dieser Farbvarianten von *Pogona vitticeps* macht die Begeisterung verständlich. Ganz so einfach wie die Haltung ihrer Stammform ist der Umgang mit den Farbzüchtungen jedoch nicht. Darüber hinaus fällt es angesichts immer neuer Zuchtformen schwer, den Überblick zu behalten. Und für seltene Formen muss man oft tief in die Tasche greifen.

Anpassung durch Farbe und Zeichnung

In ihrer australischen Heimat kommen wild lebende *P. vitticeps* in den unterschiedlichsten Lebensbereichen vor. Ihre Körperfarben und Zeichnungen sind an die jeweilige Umgebung angepasst und können stark variieren. In Gebieten mit roter Erde sind die Tiere rötlich gefärbt, auf hellen Böden vorwiegend beige. Die am besten angepassten Bartagamen sind beim Beutemachen erfolgreicher und fallen seltener ihren zahlreichen Feinden zum Opfer. Die Anlage zur Ausbildung

unterschiedlicher Farben und Muster ist auch bei den Terrarientieren vorhanden. Unter den Jungtieren eines Geleges gibt es immer verschieden gefärbte und gezeichnete Exemplare.

Mutation und gezielte Zuchtwahl

Amerikanische Züchter setzten als erste einige besonders intensiv gefärbte Wildfänge von *P. vitticeps* mit dem Ziel zur Zucht ein, die Farben durch Zuchtwahl (Selektion) zu verstärken und so neue Farbvarianten zu erschaffen. Heute werden Bartagamen in den USA in riesigen

Kopfstudie einer Farbbartagame: Im natürlichen Sonnenlicht kommen die Muster und die intensiv leuchtenden Farben dieser Zuchtformen besonders gut zur Geltung.

Zuchtfarmen gehalten und mit großem finanziellem Aufwand gezüchtet. Die Neuzüchtungen dieser Farbbartagamen erhalten besondere Namen, die häufig markenrechtlich geschützt sind. So ist die Farbform »Sandfire« der Marken-name der Sandfire Dragon Ranch. Beim Kauf eines solchen Tieres erhalten die Käufer auch ein Herkunftszertifikat.

Bei der Zucht von Farbbartagamen geht es um **intensive Farben** und eine besondere Beschuppung.

Unter den unzähligen Jungtieren, die hier nachgezüchtet werden, befinden sich hin und wieder auch Exemplare mit einer völlig abweichenden Färbung und Zeichnung. Diese durch eine zufällige Änderung des Erbguts (Mutation) ent-standenen Bartagamen bilden dann die Ausgangsformen für die Zucht neuer Farbvarianten.

Die attraktive Färbung dieser männlichen P. mitchelli steht den Farbzuchten von P. vitticeps nicht nach.

▼

Probleme bei der Farbbartagamenzucht

Um bestimmte Färbungen zu erzielen oder zu fördern, werden häufig auch Geschwister untereinander oder mit den Eltern verpaart. Dabei kommt es zu In-zuchtproblemen, wenn ungünstige Merkmale und Eigenschaften weiter-gegeben und verstärkt werden. Bei der Zucht mit Farbbartagamen können diese unerwünschten Ausprägungen auftreten: Jungtiere sind beim Schlupf sehr klein und erreichen auch später nicht Normalgröße; die Anfälligkeit für Krankheiten ist erhöht und die Lebens-erwartung niedriger. Die Haut reagiert wegen unzureichender oder fehlender Pigmentierung sehr empfindlich auf UV-Strahlung und das Sehvermögen von Tieren mit hellen Augen ist im Son-nenlicht eingeschränkt. Als Qualzucht muss man die Silkbacks (→ rechte Seite und Fotos Seite 118 und 120) bezeich-nen, die sich fast ständig häuten und bei denen Häutungsreste häufig Krallen und Schwanzspitze abschnüren.

▸ Neuerdings versucht man, die Farb-formen von *P. vitticeps* mit anderen Bartagamen-Arten zu kreuzen.

Hauptsache viel Licht

Damit Bartagamen ihre schönsten Far-ben zeigen, brauchen sie viel Licht. Nur unter starker Beleuchtung werden ihre Farben richtig sichtbar. Farbbartagamen werden daher immer bei natürlichem Sonnenlicht fotografiert. Wenn man die Färbung auch im Terrarium bewundern möchte, müssen Lampen mit tageslicht-ähnlicher Lichtfarbe eingesetzt werden. Für die Beckengröße 160 x 80 x 80 cm sind dann beispielsweise fünf Röhren T5 HO (→ Seite 43) mit Reflektor nötig.

Verbreitete Zuchtformen

German Giant Bis 70 cm groß, wildfarben, Erstzucht in Deutschland
Leatherback Schuppen klein, die langen Stacheln sind weniger stark ausgebildet. (→ Fotos, Seite 118, 120, 121)
Blood Intensiv rot gefärbt. Die Färbung zeigt sich schon beim Schlupf.
Citrus Leuchtend gelb; keine oder nur wenige schwarze Pigmente (→ Foto, Seite 121). »Citrus Picasso« mit blauer Rückenzeichnung.

Striped Durchgehende Längsbänderung auf dem Rücken (→ Foto, Seite 118).
Tangerine Tiere mit Gelbfärbung statt des ursprünglichen Weiß.
Wildfarben Farbgebung der Wildform, wird auch Nominatform genannt.
Silkback Qualzucht! Ohne Schuppen und Stacheln, auch der Bart fehlt. Sehr kleine und extrem empfindliche Tiere. (→ Fotos, Seite 118, 120).

WUSSTEN SIE SCHON, DASS …

… die Jungtiere noch nicht ausgefärbt sind?

Wer viel Geld für seltene Farbformen ausgibt, möchte dafür auch die schönsten Tiere bekommen. Bei jungen Bartagamen ist es aber schwer, die richtige Farbwahl zu treffen. Meist kann man nur erahnen, wie sie später aussehen werden. Doch nach jeder Häutung zeigt sich mehr von der späteren Färbung. Eine kleine Hilfe bei der Kaufentscheidung sind die Oberarme der Vorderbeine, die der Rückenfarbe farblich um etwa zwei Häutungen voraus sind.

Hypo Hypomelanistische Variante mit klaren Nägeln. In mehreren Farbformen (→ Fotos, Seite 119, 121).
Leuzist Weiße Tiere ohne Zeichnung, denen die Schwarzpigmente fehlen. Die Nägel sind durchsichtig oder klar.
Patternless Ohne Zeichnung (→ Foto, Seite 119).
Red Leicht bis kräftig rot. Die Färbung erscheint erst bei halbwüchsigen Tieren.
Transluzent Da die weißen Pigmente fehlen, sind die Tiere fast durchsichtig, Organe und Blutgefäße sind gut erkennbar (→ Fotos, Seite 119, 120).

Genetische Fachbegriffe

Mutation zufällige Erbabweichung vom Normaltyp, die vererbt wird.
Selektion gezielte Zuchtwahl
Phänotyp Erscheinungsbild, wird durch die Körpermerkmale bestimmt.
Genotyp Erbgut eines Lebewesens. Die Gene im Zellkern bilden den Genotyp.
Gene Träger der Erbinformationen. Jedes Gen liegt doppelt vor.
Dominant und rezessiv Dominante Gene setzen sich gegenüber rezessiven im Phänotyp durch.

◄ 1 Rückenstruktur bei *P. vitticeps*
Die Schuppen im Rückenbereich einer normalen *P. vitticeps* sind zum Teil sehr groß und spitz. Typisch für die Art ist auch die große Zahl außerordentlich kräftiger Stacheln.

Leatherback Bei dieser schönen Zuchtvariante ist die Rückenbeschuppung viel feiner und homogener als bei der Nominatform. Die Anzahl der Stacheln ist geringer und sie sind auch wesentlich kleiner. **2 ▶**

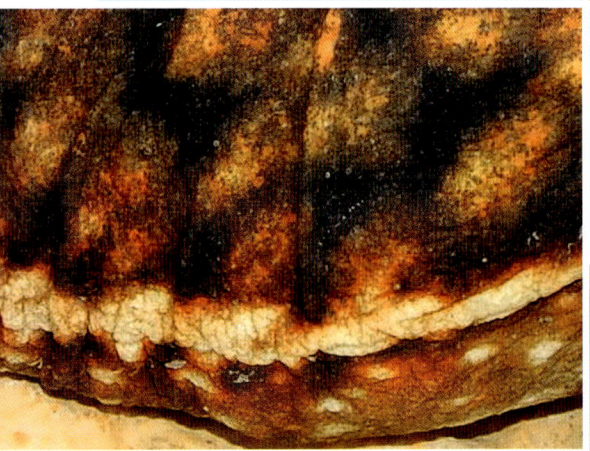

◄ 3 Silkback Diese fragwürdige Züchtung besitzt keine Schuppen mehr, und auch die Anzahl der Stacheln ist stark reduziert. Silkbacks haben eine sehr empfindliche Haut, Häutungsprobleme sind die Regel.

Striped Unverkennbar für diese Farbbartagame ist das Rückenmuster mit den beiden Längsstreifen beiderseits der Wirbelsäule. Die Mutation ist sehr häufig und tritt immer wieder spontan auf. **4 ▶**

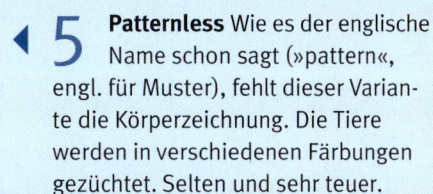

5 Patternless Wie es der englische Name schon sagt (»pattern«, engl. für Muster), fehlt dieser Variante die Körperzeichnung. Die Tiere werden in verschiedenen Färbungen gezüchtet. Selten und sehr teuer.

Transluzente Variante Anders als das normale Auge einer Bartagame ist das Auge transluzenter Tiere (rechts im Foto) dunkel. Die Jungen dieser Variante besitzen immer eine blaue Bauchunterseite. **6**

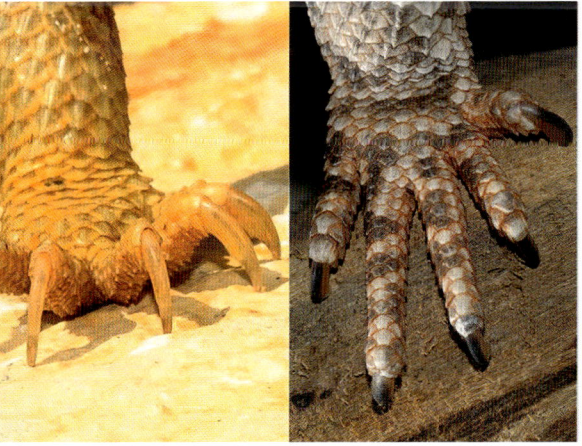

7 Hypomelanistische Agame Im Gegensatz zur normalen *Pogona vitticeps* (rechts im Foto) ist das Schwarz in den Zehennägeln eines hypomelanistischen Tieres (links im Foto) unterdrückt.

Dalmata-Farbbartagame Durch schwarze Punkte am Körper und speziell im Kehlbereich zeichnet sich die Dalmata-Variante aus. Der Name der neuen Zuchtform aus Italien leitet sich vom Dalmatiner ab. **8**

1 Orangefarbene Silkback Alle Silkbacks bleiben viel kleiner als andere Pogona vitticeps. Neben den regelmäßig auftretenden Problemen bei der Häutung sind die Tiere auch erheblich krankheitsanfälliger.

Orangefarbene Leatherback beim Sonnenbad Dass es sich **2** bei dieser farbintensiven Variante um ein hypomelanistisches Tier handelt, verraten die klaren Fußnägel ohne jegliche schwarze Pigmentierung.

3 Citrus und Blood Diese erwachsene Farbbartagame ist aus der Kreuzung einer Citrus- mit der Blood-Variante hervorgegangen. Solche Zuchtformen erhält man heute relativ häufig und zu günstigen Preisen.

Transluzente Leatherback An den schwarzen Augen erkennt **4** man diese halbwüchsige Agame als transluzente Form. Besonders schön ist die seltene Zeichnung ihres Barts. Die Färbung wird im Alter intensiver.

◀ **5** **Smoothie** Frisch aus Amerika kommt diese neu gezüchtete Farbbartagame. Sie hat Ähnlichkeit mit der Leatherback, zeichnet sich aber durch feinere Stacheln und Schuppen aus. Erzielt hohe Preise.

Citrus Bei der Citrus-Farbvariante ist der Körper völlig gelb. Dieses hypomelanistische Tier hat klare Nägel und einen orangefarbenen Augenring. Bei höheren Umgebungstemperaturen wird das Gelb noch intensiver. **6** ▶

◀ **7** **Halbwüchsige Leatherback** Zu den recht häufig angebotenen Farbbartagamen zählen orangefarbene hypomelanistische Leatherbacks. Erwachsen wird diese Bartagame der Leatherback auf Seite 120 ähneln.

Gelbe Leatherback Die kräftige Rotzeichnung und das auffällige Muster des Rückens machen die gelbe Leatherback besonders attraktiv. Das Tier ist noch jünger als die halbwüchsige Leatherback im Foto darüber. **8** ▶

Vor Krankheiten sicher schützen

Bartagamen behaupten sich in freier Natur unter widrigsten Bedingungen. Im Terrarium sind sie auf die gewissenhafte Pflege und Krankheitsvorsorge durch den Menschen angewiesen.

Artgerechte Pflege und bestmögliche Hygiene

Bartagamen sind zutrauliche und pflegeleichte Reptilien. Weil sie kleine Pflegefehler besser verkraften als andere Terrarientiere, eignen sie sich sehr gut für Terraristik-Neulinge. Ein Mindestmaß an artgerechter Pflege brauchen aber auch sie.

WENN BARTAGAMEN KRANK WERDEN, sind dafür in neun von zehn Fällen unzureichende oder unachtsame Pflege und mangelnde Hygiene verantwortlich.

Hygiene bedeutet mehr als nur Sauberkeit

Wild lebende Bartagamen können sich in ihrem riesigen Lebensraum negativen Einflüssen wie Feinddruck, Futtermangel und schlechten Klimabedingungen entziehen und in günstigere Bereiche ausweichen. Wegen der dünnen Besiedlung ist das Risiko gering, sich bei Artgenossen oder anderen Reptilien mit Krankheiten zu infizieren. Auf der begrenzten Fläche des Terrariums ist das anders. Die Bewohner sind völlig auf die Fürsorge des Halters angewiesen. Ihr Wohlergehen wird durch Nahrung und Wasser, Temperatur und Luftfeuchtigkeit, Größe und Gliederung des Lebensraums, durch umfassenden Schutz vor ansteckenden Erkrankungen und eine artgemäße Vergesellschaftung beeinflusst. Optimale Haltung ist daher die beste Hygienemaßnahme. Hygiene bedeutet nicht nur Sauberkeit, sondern umfasst alles, was zur Gesunderhaltung und Krankheitsabwehr nötig ist.

Wenn sich erste Symptome einer Erkrankung zeigen, müssen daher parallel zur Behandlung alle Haltungsparameter überprüft werden. Auch bei Bartagamen werden viele Infektionskrankheiten erst dann gefährlich, wenn die Haltung zu wünschen übrig lässt. Falsche oder mangelhafte Pflege stresst den Organismus und schwächt die Abwehrkräfte erheblich. Bei optimaler Haltung stellt sich zwischen Reptilien und Parasiten ein Gleichgewicht ein – im Terrarium wie in der Natur. Schädigend und krankheitsauslösend wird der Kontakt mit den Schmarotzern für die Wirtstiere erst bei ungünstigen Haltungsbedingungen.

Neugierig und ständig in Bewegung: Gesunde Bartagamen registrieren jede Veränderung in ihrer Umgebung. Teilnahmslosigkeit ist fast immer ein Krankheitssymptom.

Krankheitssymptome bei Bartagamen

Schon beim Kauf junger Bartagamen kann man viel falsch machen, da leider nicht alle Nachzuchten gesund sind. Das sind die typischen Krankheitsanzeichen bei jungen und erwachsenen Tieren:

▸ Die Bartagame ist apathisch und liegt mit geschlossenen Augen auf dem Boden. Anzeichen von Schwäche bei vielen Erkrankungen.

▸ Das Tier ist abgemagert. Seine Augen sind eingefallen, die Beckenknochen stehen heraus, der Schwanzansatz ist dünn. Unverkennbare Symptome einer Mangel- und Unterernährung.

▸ Durchfall führt zur verkrusteten und mit Kot verschmierten Kloake. Häufige Ursache sind Endoparasiten.

▸ Pumpende und tiefe Atmung weist auf eine Atemwegserkrankung hin.

▸ Schaumbildung im und um das Maul wird oft von einer Maulschleimhaut- oder Lungenentzündung verursacht.

▸ Gelbe Mundschleimhaut ist typisch bei Leberschäden. Bei *Pogona barbata* ist die Mundschleimhaut immer gelb.

▸ Aufgeblähter Bauch kann Folge einer Verstopfung (zum Beispiel mit Sand) oder eines Endoparasitenbefalls sein.

▸ Wässriger, übel riechender Kot deutet auf Endoparasiten hin. Bei viel Grünkost ist der Kot immer etwas wässrig.

Die meisten Krankheiten der Bartagamen werden von unhygienischen Haltungsbedingungen und einer mangelhaften Pflege ausgelöst.

▸ Rückgrat und Gliedmaßen stehen schief, die Beine sind verdickt und die Bewegungen gestört. Hier liegt eine Knochenerweichung (Rachitis) vor.

▸ Zehen und Schwanzspitze sind schwarz. Auslöser ist eine mangelhafte Häutung. An diesen Stellen hat sich die alte Haut nicht gelöst, ist eingetrocknet und hat Zehen und Schwanz abgeschnürt. Verantwortlich dafür sind meist unzureichende Haltungsbedingungen. Die betroffenen Teile müssen amputiert werden.

▸ Zecken und Milben befallen die Haut der Echsen. Parasitenbefall ist die Folge einer unhygienischen Haltung.

▸ Verdickte und verkrustete Hautstellen zeigen eine Pilzinfektion an, die meist durch zu feuchtes Klima entsteht.

Wozu dient die Kotprobe?

Die tierärztliche Untersuchung einer Kotprobe ist der sicherste Weg, um nachzuweisen, ob sich eine Bartagame mit Krankheitserregern infiziert hat. Wenn sich die Larven oder Eier von Endoparasiten feststellen lassen, liegt ein positiver Befund vor. Der Nachweis erfolgt in der Regel mit dem Mikroskop, manche Parasiten, wie einige Würmer, kann man aber auch schon mit dem bloßen Auge erkennen. Sinnvoll ist eine Kotproben-Kontrolle unter folgenden Voraussetzungen:

▸ Die Bartagame fühlt sich erkennbar unwohl. Körperliche Anzeichen oder Verhaltensänderungen deuten auf eine Infektion hin.

1 Skelettschäden Auch Jungtiere können schon Knochenprobleme haben. Diese junge *Pogona vitticeps* leidet unter irreparabler Rachitis. Ihre Wirbelsäule ist im Beckenbereich erkennbar deformiert.

Falsch- und Mangelernährung 2 Bei dieser noch jungen *Pogona vitticeps* sind die Symptome der Unterernährung nicht zu übersehen: Ihre Beckenknochen stehen hervor, Becken und Schwanz sind sehr schmal.

3 Übergewicht macht krank. Leicht außer Form ist diese Bartagame geraten. Der dicke Körper ist die Folge zu kalorienreicher Kost und fehlender Bewegung. Mehr Grünfutter verhilft wieder zur schlanken Taille.

Gebrochener Zeh 4 Bei diesem Tier steht ein Zeh der linken Hand nach oben. Er ist nach einem Bruch nicht mehr richtig zusammengewachsen. Das behindert die Bartagame aber nicht beim Laufen und Klettern.

▶ Während der Quarantäne eines Neuzugangs oder einer kranken Echse soll der Parasitenstatus überprüft werden.

▶ Etwa vier Wochen vor Winterruhe, um sicherzustellen, dass die Agamen in der Ruhezeit nicht zusätzlich durch Krankheit geschwächt werden.

▶ Vor Beginn der Zuchtsaison, damit die Weibchen die außerordentlich kräftezehrende Zeit gut überstehen.

Verwertbare Untersuchungsergebnisse lassen sich nur an frischen Kotproben erzielen. Am besten nehmen Sie ein etwa 1–2 cm großes Kotbröckchen kurz nach dem Absetzen auf, möglichst von einer sauberen Unterlage (Papier), um eine Verunreinigung durch Keime im Bodengrund zu vermeiden. In einer passenden Box, zum Beispiel einer Filmdose, muss die Probe dann umgehend zum Tierarzt gebracht oder an ein Untersuchungsinstitut verschickt werden. Sie darf nicht eintrocknen oder einfrie-

WUSSTEN SIE SCHON, DASS …

… der Echsenkot den Gesundheitszustand anzeigt?

Bei den Bartagamen ist die Beschaffenheit des Kots von ihrer Nahrung abhängig. Überwiegend mit Insekten gefütterte Jungtiere haben einen leicht breiartigen bis festen Kot, erwachsene Agamen bei einem größeren Anteil von Grünfutter einen eher breiigen Kot. Nach dem Füttern mit Salat, der vor allem aus Wasser besteht und kaum Ballaststoffe enthält, kann er sogar wässerig sein. Der Harn wird übrigens zusammen mit dem Kot als weißlicher Anteil ausgeschieden. Tiere, deren Kot mehrere Tage lang wässrig ist, muss man zum Tierarzt bringen. Speziell dann, wenn sie abmagern, ihre Knochen vorstehen und die Augen eingefallen sind. Ursache können Organerkrankungen oder Parasiten sein. Ist der Kot zudem schleimig oder blutig, deutet alles auf einen schweren Parasitenbefall hin, der sofort vom Tierarzt behandelt werden muss.

Es kommt vor, dass der Befund negativ ist, also keine Erreger nachgewiesen werden, nach wie vor aber Krankheitssymptome auftreten. In solchen Fällen sollte man eine weitere Kotprobe nehmen und untersuchen lassen, da die Schmarotzer nicht regelmäßig mit dem Kot ausgeschieden werden.

ren. Wenn die Box bei heißem Wetter mehrere Stunden unterwegs ist, befeuchtet man sie mit einem oder zwei Tropfen Wasser. Notieren Sie in einem kurzen Begleitschreiben den wissenschaftlichen Namen der betroffenen Echse und alle Krankheitsanzeichen, die Ihnen aufgefallen sind.

Krankheiten behandeln

Bisswunden, unvollständige Häutung, Legenot – Gesundheitsprobleme bei den Bartagamen gehen vorwiegend auf unzureichende Haltung zurück. Mit sorgfältiger Pflege und vitaminreicher Fütterung unterstützen Sie die Therapie des Tierarztes.

KRANKHEITEN VORZUBEUGEN ist bei Terrarientieren sehr wichtig. Speziell bakterielle und parasitäre Erkrankungen können im begrenzten Lebensraum des Terrariums schnell auf alle Bewohner übergreifen. Daher müssen kranke Echsen fast immer isoliert werden.

Durch falsche Haltung verursachte Erkrankungen

Da eine nicht artgerechte Haltung und Versorgung bei den Bartagamen selten unmittelbar zu körperlichen Schäden oder Verhaltensanomalien führen, werden die Anfangssymptome von Krankheiten und Mangelerscheinungen von unerfahrenen Haltern oft übersehen.

Vitaminmangel

Als Vitamine bezeichnet man Substanzen, die lebenswichtige Funktionen des Körpers aufrechterhalten, aber nicht vom Organismus selbst gebildet werden können. Vitamin A ist am Sehvorgang beteiligt, ein Mangel an Vitamin B löst Lähmungserscheinungen und Verdauungsprobleme aus, die Tiere zittern und bewegen sich unkoordiniert. Vitamin C unterstützt die Abwehrkräfte, Vitamin D ist zuständig für den Knochenaufbau, Vitamin E stärkt das Immunsystem und Vitamin K ist zur Blutgerinnung nötig.

Für Reptilien hat Vitamin D_3 besondere Bedeutung, da eine Unterversorgung zu irreparablen Knochenerkrankungen führt. Vitamin-Mineralstoffpräparate, mit denen sowohl Futterinsekten wie Grünfutter eingestäubt werden, beugen einem D_3-Mangel vor. Der Organismus der Reptilien ist in der Lage, Vitamin D selbst zu produzieren, vorausgesetzt, die Tiere werden regelmäßig mit UV-Licht bestrahlt oder können während der Haltung im Freien Sonnenbäder nehmen. Vitaminmangelerkrankungen kann nur der Tierarzt behandeln. Auch eine Überdosierung ist gesundheitsschädlich.

Ausgewogen ernähren: Ein abwechlungsreicher Speisezettel beugt Mangelerscheinungen vor.

Häutungsprobleme

Reptilien müssen ihre Haut, die nicht mitwächst, in regelmäßigen Abständen abstreifen und durch eine neue ersetzen. Zu niedrige Temperaturen, trockene Luft, Vitaminmangel oder Krankheit sind häufige Ursachen für Häutungsprobleme. Wird die alte Haut nicht vollständig entfernt, schnüren die Hautreste

Bei älteren Tieren kann sich eine
Häutung über viele Tage
oder sogar Wochen erstrecken.

nicht selten Zehen und Schwanzspitze ab. Die betroffenen Bereiche entzünden sich, werden schwarz und sterben ab. Sie müssen amputiert werden. Vor der Häutung verfärben sich die jeweiligen Körperpartien weißlichstrüb (→ Foto rechts). Erwachsene Bartagamen häuten sich nicht in einem Stück. Wenn sich die Haut eines Tieres nicht überall ablöst,

---

Bartagamen, die sich wohlfühlen, zeigen ihre schönsten Farben. Foto: P. henrylawsoni.

▼

sondern eintrocknet, müssen Sie handeln: Nach mehrstündigem Aufenthalt in einem sehr feuchten Becken, das zum Beispiel mit nassem Sphagnum-Moos gefüllt ist, wird sie wieder elastisch und lässt sich vorsichtig mit der Pinzette lösen. Probleme beim Häuten gehen fast immer auf Haltungsfehler zurück.

Bissverletzungen

Bartagamen können kräftig zubeißen und sich gegenseitig tiefe Bisswunden zufügen. Leichtere Bissverletzungen kann man mit Jodsalbe (Apotheke) selbst behandeln, große oder entzündete Wunden sind Sache des Tierarztes. Das gebissene Tier bleibt während der Behandlungsdauer in Quarantäne.

Knochenbrüche

Bei Beißereien junger Bartagamen kann es zu Knochenbrüchen kommen. Bein- und Armbrüche lassen sich gut richten und mit einem Streichholz unter einem Verband fixieren. Sie verheilen schnell. Ein Kieferbruch muss allerdings immer tierärztlich versorgt werden.

Legenot

Kann ein trächtiges Weibchen seine Eier nicht ablegen, dann hat es eine Legenot. Mögliche Ursachen: Stress durch andere Terrarienbewohner, Kalziummangel, zu tiefe Temperaturen, Krankheit, ein ungeeigneter Ablageplatz oder allgemeine Schwäche durch falsche Haltung. Lassen sich die Ursachen beseitigen, kommt es meist noch zur Ablage. Ansonsten wird der Tierarzt versuchen, die Eiablage durch ein Wehenhormon und Kalzium einzuleiten. Eine nicht erkannte Legenot führt oft zum Tod des Weibchens. In manchen Fällen kann man die Eier per Kaiserschnitt retten.

Bakterielle Erkrankungen

Für bakerielle Infektionen anfällig sind bei den Bartagamen die Kiefer, die Schleimhäute des Rachens und der Atemwege sowie der Verdauungstrakt.

Mundfäule

Zur Mundfäule kommt es häufig nach mechanischen Verletzungen im Maul. Bei geschwächter Immunabwehr vermehren sich pathogene Bakterien fast explosionsartig in der Mundschleimhaut und verursachen Entzündungen und Schwellungen. In der Folge bilden sich weißlich aussehende Entzündungen und Geschwüre im Zahnbereich. Die Zähne fallen aus, die Infektion greift auf die Kieferknochen über und zerstört das Knochengewebe. Die Tiere können jetzt nicht mehr fressen. Mundfäule muss vom Tierarzt behandelt werden.

Lungenentzündung

Lungenentzündungen können durch Zugluft oder falsches Mikroklima im Terrarium, aber auch in der Folge einer Mundfäule auftreten. Erste Anzeichen sind Schaumbildung in der Mundhöhle, Ausfluss aus Mund und Nase sowie zunehmende Bewegungs- und Fressunlust. Unbehandelt führt die Krankheit zum Tod der Echse.

Abszesse

Abszesse sind mit Eiter gefüllte Hohlräume, die relativ oft im Maulbereich von Bartagamen entstehen. Der Eiter ist hochgradig infektiös. Bei unsachgemäßer Behandlung können die Erreger in die Blutbahn geraten und eine Blutvergiftung hervorrufen. Abszesse sollten grundsätzlich nur vom Tierarzt behandelt und entfernt werden.

Hautinfektionen

Infektionen der Haut können von Bakterien und Pilzen verursacht werden. Für Pilze sind Bartagamen anfällig, die in zu feuchter Umgebung leben. Die tierärztliche Behandlung ist langwierig.

Abstreifen der alten Haut

▸ **1** **Häuten in Etappen** Erwachsene Bartagamen häuten sich nicht in einem Stück. Bei diesem Tier hat sich die alte Haut im Rückenbereich bereits an mehreren Stellen gelöst und die neue wird darunter sichtbar.

▸ **2** **Verfärbung der alten Haut** Die bevorstehende Häutung kündigt sich am Hinterkopf und Körper an. Bevor sich die alte Haut löst, verfärbt sie sich weißlichtrüb.

Gesunde Jungtiere

▸ **1** **Komm mir nicht zu nah!** Das untere Jungtier fühlt sich durch seinen zudringlichen Artgenossen gestört und zeigt das durch Aufblähen der Kehle auch an.

▸ **2** **Früh übt sich** Auch sehr junge Bartagamen zeigen schon das typische Drohverhalten und versuchen mit offenem Maul zu beeindrucken.

▸ **3** **Alles im grünen Bereich** Diese junge Agame fühlt sich wohl und sicher und liegt ganz entspannt auf ihrem Sonnenplatz.

Infektionen durch Parasiten

Parasiten leben auf oder in ihren Wirten und schädigen sie. In der Regel hat das nicht den Tod der Wirtstiere zur Folge, da sonst auch die Parasiten sterben müssten. In der Natur besteht zwischen beiden ein fast stabiles Gleichgewicht. Unzureichende Lebensbedingungen im Terrarium vermindern die Abwehrkräfte und machen die Echsen anfällig für Erkrankungen. Zusätzlich kommt es durch die räumliche Enge zur ständigen Reinfektion beim Kontakt mit den eigenen Ausscheidungen. Fehlende Abwehrkraft und Reinfektionen sorgen dafür, dass das Gleichgewicht zwischen Parasiten und ihrem Wirt gestört wird und die Schmarotzer überhandnehmen.

Ektoparasiten

Ektoparasiten sitzen auf und in der Haut der Wirtstiere und ernähren sich von ihrem Blut. Typische Ektoparasiten sind die Zecken und Milben, die bakterielle Krankheiten übertragen können.

Im Terrarium kommt es sehr schnell zur Massenvermehrung. Milben erkennt man als kleine rote Punkte, die bevorzugt im Bereich von Augen, Ohren und Achseln sitzen. Die Behandlung erfolgt mit speziellen Antiparasitika, die beim Tierarzt erhältlich sind. Dazu muss das Terrarium vollständig ausgeräumt und desinfiziert werden. Zecken fasst man mit einer Pinzette am Kopf und dreht sie vorsichtig aus der Haut heraus. Dabei sollte stets die ganze Zecke entfernt werden. Die Bisswunde wird anschließend mit Jodsalbe versorgt.

Endoparasiten

Endoparasiten schmarotzen im Körperinneren. Zu ihnen gehören Flagellaten, Kokzidien, Cilliaten und Amöben. Diese einzelligen Parasiten sind für die meisten erregerbedingten Todesfälle in der Terraristik verantwortlich. Bereits ein einziges krankes Tier kann innerhalb kürzester Zeit einen kompletten Bestand infizieren. Die Krankheitsbilder ähneln sich. Folgende Symptome können auf

Endoparasiten hinweisen: breiiger, übel riechender und blutiger Kot, Futterverweigerung und Abmagerung. Auch ein plötzlicher Todesfall ist ein Verdachtsmoment. Eine spezifische Behandlung durch den Tierarzt kann erst erfolgen, wenn eine Untersuchungsstelle den Befall nachgewiesen hat. Selbst wenn nur ein Tier erkrankt ist, muss meist der gesamte Bestand behandelt werden. Um die Erreger und ihre ausgeschiedenen Eier zu bekämpfen und abzutöten, setzt man im Terrarium und beim Inventar starke Desinfektionsmittel ein.

Kokzidien Wahrscheinlich sind mehr als 50 Prozent der Bartagamen mit Kokzidien infiziert. Die zu den Sporentieren gehörenden Parasiten sind für ältere Tiere normalerweise kein Gesundheitsrisiko, Jungtiere erkranken hingegen meist schwer. Folgen einer Kokzidiose können Wachstumsstörungen, heftiger Durchfall und sogar Todesfälle sein. Da auch erwachsene Bartagamen unter schlechten Haltungsbedingungen oder Stress ernsthaft erkranken können, ist

tierärztliche Behandlung dringend nötig. Zudem stecken infizierte Zuchttiere oft die Nachzucht an. Das Becken muss gut desinfiziert werden. Kokzidien sind wirtsspezifisch, andere Reptilien werden nicht angesteckt. Eine Ausnahme machen die auch zu den Kokzidien gehörenden und nicht wirtsspezifischen Kryptosporidien. Die Heilungschancen sind hier gering, Medikamente häufig unwirksam oder sogar schädlich.

TIPP

Der richtige Tierarzt

Bartagamen sollte man nur von einem Tierarzt behandeln lassen, der Erfahrung mit Reptilien hat. Unter www.dght.de führt die Deutsche Gesellschaft für Herpetologie und Terrarienkunde (DGHT → Anhang, Seite 141) geeignete Tierärzte auf. Reptilienkundliche Veterinäre gibt es auch an den tiermedizinischen Hochschulen.

Wurmbefall Bartagamen können von Rundwürmern (Nematoden), Bandwürmern (Cestoden) und Saugwürmern (Trematoden) befallen werden. In vielen Fällen lautet die Diagnose Oxyuren. Unter Terrarienbedingungen kommt es schnell zum Massenbefall dieser zu den Nematoden gehörenden und vor allem für Jungtiere gefährlichen Parasiten. Obwohl sie die Gesundheit erwachsener Echsen kaum beeinträchtigen, sollte auch hier eine Wurmkur nach Angabe des Tierarztes vorgenommen werden. Band- und Saugwürmer muss man immer vom Tierarzt behandeln lassen.

Die Todesursache ermitteln

Vor allem bei einem unklaren Todesfall sollten Sie die gestorbene Bartagame unbedingt untersuchen lassen. Für die Mitbewohner im Terrarium können die Untersuchungsergebnisse lebensrettend sein. Wenn sich dabei der Verdacht auf eine Infektion bewahrheitet, muss man davon ausgehen, dass die anderen Tiere ebenfalls infiziert sind. Darüber hinaus liefert die medizinische Begutachtung

des Tierkörpers nicht selten wichtige Hinweise auf mögliche Haltungsfehler. Zum Beispiel bei einem verfetteten oder abgemagerten Tier auf die Fütterung und bei einer dehydrierten, fast »ausgetrockneten« Echse auf die Versorgung mit Trinkwasser.

▸ Der Tierkörper muss möglichst schnell an die Untersuchungsstelle verschickt werden. Eine Styroporbox schützt vor Kälte und – mit Kühlelementen – vor Hitze. Das Begleitschreiben gibt Auskunft über Art und Alter des Tieres und über Beobachtungen, die auf eine Erkrankung schließen lassen.

Quarantäne

Als Quarantäne bezeichnet man eine meist zeitlich begrenzte Isolierung erkrankter oder krankheitsverdächtiger Tiere, um die Ansteckung des gesamten Bestandes zu vermeiden. Da Einzelhaltung für die eher einzelgängerischen Bartagamen weniger Stress bedeutet, fördert die Quarantäne ihre Genesung. Um das Quarantänebecken gut reinigen zu können, enthält es nur wenige Einrichtungsgegenstände: Zeitungspapier auf dem Boden, Wasserschale, Versteck- und Sonnenplatz. Dank des kargen Inventars wird der Kot schnell lokalisiert und kann mitsamt dem Zeitungspapier sofort entfernt werden. Das ist ein entscheidender Punkt bei der Quarantäne, weil sich nur so Reinfektionen verhin-

◂ *Bei optimaler Pflege sind Farbbartagamen auch für Anfänger geeignet. Dieses Tier zeigt durch seine Farbenpracht, dass es ihm gut geht. Auffällig ist der schön gezeichnete Kehlbereich.*

HÄUFIGE KRANKHEITEN UND VERLETZUNGEN

URSACHEN UND THERAPIEMÖGLICHKEITEN

Bissverletzungen	Leichte Bisse mit Jod desinfizieren; bei tiefen Wunden zum Tierarzt. Abgebissenen Schwanz mit Jodsalbe behandeln. Nur bei Entzündungen oder schlechter Wundheilung muss der Tierarzt helfen.
Knochen-erkrankungen	Werden durch Vitamin-D_3-Mangel oder ungünstiges Kalzium-Phosphor-Verhältnis verursacht. Abhilfe: UV und Vitamin-Mineralstoffpräparate.
Erkältungs-krankheiten	Auslöser: Feuchtigkeit, falsche Haltungstemperatur, Zugluft. Abhilfe: Infrarot, Vitamingaben (A, B_{12} und C); bei schwerem Verlauf Tierarzt.
Durchfall	Apfel und Banane füttern und Kohletabletten verabreichen. Bei starkem Durchfall spätestens nach drei Tagen Tierarzt aufsuchen.
Verbrennungen	Leichte Verbrennungen mit Lebertransalbe oder 1%iger Tanninsalbe behandeln. Bei großflächigen und tiefen Brandwunden zum Tierarzt.
Vergiftungen	Durch gespritztes Grünfutter und Insektizide. Für bessere Entleerung des Darms bei 30–35 °C baden. Leichtes Abführmittel geben.
Häutungsprobleme	Ursachen: zu trockene oder zu kalte Haltung, Vitaminmangel, schlechter Allgemeinzustand. Abhilfe: Klima verbessern, ausgewogen füttern.
Gicht	Bei unzureichender Flüssigkeitsaufnahme lagern sich Harnsalze in Gelenken und Nieren ab. Abhilfe: zum Trinken animieren (→ Seite 88).
Mundfäule	Infektion und Geschwüre im Kieferbereich. Therapie durch den Tierarzt.
Hautpilze	Krustenbildung (speziell an den Füßen) bei zu feuchter Haltung. Behandlung durch Tierarzt. Vorbeugen: Vitamin A, Haltung verbessern.
Milben und Zecken	Befall von Haut, Augen, Ohren und Kloake. Mit Pinzette absammeln oder Insektizid (vom Tierarzt) einsetzen, Terrarium desinfizieren.
Würmer und ein-zellige Parasiten	Symptome: Abmagern, blutiger Kot, Apathie. Tierarzt-Diagnose über Kotprobe. Terrarium desinfizieren. Zum Teil ansteckend für Menschen.

dern lassen. Das Terrarium selbst kann kleiner als das Hauptbecken sein, da der Aufenthalt nur wenige Wochen dauert. Seitenwände und Rückwand beklebt man von außen mit Folie, damit sich die Patienten sicherer fühlen. Die Temperatur liegt im üblichen Bereich. Kranke Tiere bleiben bis zu ihrer Genesung in Quarantäne, neue für mindestens vier Wochen und bis zwei Kotproben ohne Befund sind. Das Becken muss regelmäßig gereinigt und desinfiziert werden. Das Hauptterrarium wird in dieser Zeit ebenfalls desinfiziert, damit es später nicht zu Neuinfektionen kommt. Ihre Hände sollten Sie nach Kontakt mit den Patienten immer mit Seife waschen und desinfizieren. Das schützt die anderen Reptilien und Ihre eigene Gesundheit.

Desinfektion

Die Desinfektion entfernt infektiöse Keime oder tötet sie ab, sodass sie keine Gesundheitsgefahr mehr darstellen. Terrarium und Einrichtung kann man auf unterschiedliche Weise desinfizieren. **Chemische Desinfektion** Vor jeder Desinfektion reinigt man alle Gegenstände mit Wasser und Reinigungsmitteln. Ein Großteil der Keime kann so bereits abgetötet werden. Das chemische Desinfektionsmittel wird aufgetragen und muss eine gewisse Zeit einwirken. Befolgen Sie unbedingt die Anweisungen des Herstellers! Desinfektionsmittel sind giftig und dürfen nicht in die Hände von Kindern gelangen. Zum Abschluss wird gründlich gespült und gelüftet.

MEIN HEIMTIER

Sind meine Tiere vor Krankheit geschützt?

Viele Erkrankungen der Bartagamen gehen auf Haltungsfehler zurück. Vor allem die Anfälligkeit für Parasiten steigt schnell, wenn die Echsen durch falsche Haltung geschwächt sind. Testen Sie, ob sich Ihre Tiere wohlfühlen.

Der Test beginnt:

○ Legen meine Bartagamen regelmäßig an Gewicht und Größe zu?
○ Fressen alle Tiere mit gutem Appetit und gibt es keine Verdauungsprobleme?
○ Werden regelmäßig Kotuntersuchungen durchgeführt?
○ Wird bei Gruppenhaltung kein Tier von seinen Artgenossen unterdrückt?
○ Habe ich alle Maßnahmen für die umfassende Hygiene im Terrarium getroffen?

Mein Testergebnis:

▲
Sorgfältige Pflege und gewissenhafte Hygiene werden durch agile und gesunde Bartagamen belohnt.

Mittel zur Flächendesinfektion erhält man in der Apotheke und im Zoofachhandel. Die DVG-Liste der Deutschen Veterinärmedizinischen Gesellschaft führt praxiserprobte Substanzen auf.
Propanol In den weitaus meisten Fällen reicht Propanol (vergällter Alkohol aus der Apotheke) zum Desinfizieren aus. Terrarium und Einrichtungsgegenstände sollten mehrmals damit behandelt werden. Als 70%ige Lösung eignet sich Propanol auch zur Desinfektion der Hände. Zum Abtöten von Wurmeiern und Kokzidien ist er aber zu schwach.
Hitze Im Backofen kann man poröse und löchrige Objekte desinfizieren, etwa Wurzeln und Steine. Bei Temperaturen von 150 °C bleiben die Gegenstände für mindestens 30 Minuten im Ofen, dicke Wurzeln bis zu einer Stunde, weil es relativ lange dauert, bis die Backofenhitze ins Wurzelinnere vorgedrungen ist.

Spülmaschine Gegenstände aus Keramik lassen sich sehr gut bei höchster Temperaturwahl in der Spülmaschine desinfizieren. Der heiße Wasserdampf dringt selbst in kleinste Spalten vor.
Wunddesinfektion Zur Desinfektion von Wunden darf man nur speziell dafür vorgesehene Präparate einsetzen. Bei tiefen Bisswunden gehören die Echsen umgehend in die Hand des Tierarztes. In der Mundflora der Bartagamen befinden sich viele für andere Reptilien, aber auch für den Menschen pathogene (krankheitsauslösende) Bakterien.
Neues Bodensubstrat Verunreinigter Bodengrund sollte entsorgt und durch neuen ersetzt werden. Das gilt auch für möglicherweise kontaminierte Äste.

Tiersitter-Pass

Sie möchten in Urlaub fahren und ein Tiersitter kümmert sich um Ihre Terrarientiere? Hier können Sie alles notieren, was die Urlaubsvertretung wissen sollte. So sind Ihre Bartagamen bestens versorgt und Sie können die Ferien in vollen Zügen unbeschwert genießen!

Meine Bartagamen heißen:

So groß sind sie:

Das schmeckt ihnen:

An jedem 2. Tag so viele Insekten:

Dieses Grünfutter an den anderen Tagen:

So verabreicht man Vitamine und Mineralstoffe:

So oft trinken sie:

So oft baden sie:

Die richtige Fütterungszeit:

Das Futter wird hier aufbewahrt:

Terrarienreinigung:

Das muss täglich gesäubert werden:

Bei Bedarf desinfizieren:

Diese Berührungen akzeptieren sie:

So oft mit UV bestrahlen:

Das ist außerdem wichtig:

Dieser Tierarzt kann helfen:

Das ist mein Zoohändler:

Mein Züchterfreund:

Meine Urlaubsadresse und Telefonnummer:

REGISTER

Die **halbfett** gesetzten Seitenzahlen verweisen auf Abbildungen.

Die Inhalte dieses Buches beziehen sich auf die Bestimmungen des deutschen Tier- und Artenschutzes. In anderen Ländern können die Angaben abweichend sein. Erkundigen Sie sich daher im Zweifelsfall bei Ihrem Zoofachhändler oder bei der entsprechenden Behörde.

VERBÄNDE UND VEREINE

Deutsche Gesellschaft für Herpetologie und Terrarienkunde e. V. (DGHT), Geschäftsstelle: Postfach 1421, 53351 Rheinbach, www.dght.de
Die DGHT ist der weltweit größte Terrarienverein.

Verband Deutscher Vereine für Aquarien- und Terrarienkunde e. V. (VDA), Geschäftsstelle: Manfred Rank, Steinbühlleite 12, 95234 Sparneck, www.vda-aktuell.de

Österreichische Gesellschaft für Herpetologie (ÖGH), c/o Naturhistorisches Museum Wien, Herpetologische Sammlung, Burgring 7, A-1010 Wien, www.nhm-wien.ac.at/nhm/herpet/index.htm

Bundesverband für fachgerechten Natur- und Artenschutz e. V. (BNA), Ostendstraße 4, 76707 Hambrücken, www.bna-ev.de

Bundesamt für Naturschutz, www.bfn.de

AGAMEN, Arbeitsgemeinschaft Agamen der DGHT (→ Adresse links), Martin Dieckmann, Dambergskamp 12, 59071 Hamm/Westfalen, www.dght.de/ag/agamen

FACHVERLAGE

Chimaira, Heddernheimer Landstr. 20, 60439 Frankfurt, www.Chimaira.de

Herpeton Verlag Elke Köhler, Rohrstr. 22, 63075 Offenbach, www.herpeton-verlag.de

Tetra Verlag GmbH, Am Markt 5, 16727 Berlin-Velten, www.tetra-verlag.de

Vivaria Verlag Oliver Drewes, Dürerstr. 23, 53340 Meckenheim, www.vivaria-verlag.de

Auf Terrarientiere spezialisierte Kliniken

Universität Gießen, Klinik für Vögel, Reptilien, Amphibien und Fische, Frankfurter Str. 91, 35392 Gießen, www.vetmed.uni-giessen.de/kli.htm

Exomed, Institut für veterinärmedizinische Betreuung niederer Wirbeltiere und Exoten, Erich-Kurz-Straße 7, 10319 Berlin, www.exomed.de

www.agark.de
Verzeichnis mit auf Terrarientiere spezialisierten Tierärzten aus jeder Region

Fragen zur Terraristik

beantworten Ihr Zoofachhändler und der **Zentralverband Zoologischer Fachbetriebe Deutschlands e. V. (ZZF),** Tel. (0611) 44 75 53 32 (telefonische Auskunft nur Mo 12–16 Uhr, Do 8–12 Uhr), www.zzf.de

Terraristik-Börsen

www.terraristikahamm.de
www.exotica.at
www.reptilienboersen.de

Internetadressen

Allgemeine Infos und Tipps
www.terraristik com
www.reptiles.de
www.agamen.de
www.bartagamen-forum.com
www.wisia.de *Artenschutzdatenbank des Bundesamt für Naturschutz*

Terrarientiere
www.terra-dom.com
www.reptilienboersen.de
www.tropenparadies.org
www.tropicfauna.de
www.australian-reptiles.de

Online-Börsen
www.terraristik.com
www.terraristik-anzeigen.de
www.reptilienserver.de

ZEITSCHRIFTEN

DATZ *Die Aquarien- und Ter-rarien-Zeitschrift.* Ulmer Verlag, Stuttgart, www.datz.de

Draco Natur und Tier Verlag, Münster, www.ms-verlag.de

Reptilia Natur und Tier Verlag, Münster, www.ms-verlag.de

Salamandra und **Elaphe** *Zeitschriften für Herpetologie und Terrarienkunde.* Herausgegeben von der DGHT (→ Adressen, Seite 141)

Sauria *Terraristik & Herpetologie.* Terrariengemeinschaft Berlin e. V., www.sauria.de

BÜCHER, DIE WEITERHELFEN

Au, M.: *Bartagamen.* Gräfe und Unzer Verlag, München

Drewes, O.: *Terrarientiere von A bis Z.* Gräfe und Unzer Verlag, München

Friedrich, U., Volland, W.: *Futtertierzucht. Lebendfutter für Vivarientiere.* Ulmer Verlag, Stuttgart

Hauschild, A., Bosch, H.: *Bartagamen und Kragenechsen.* Natur und Tier Verlag, Münster

Herrmann, H.-J.: *Mein Terrarium.* Gräfe und Unzer Verlag, München

Jes, H.: *Echsen.* Gräfe und Unzer Verlag, München

Köhler, G.: *Krankheiten der Amphibien und Reptilien.* Ulmer Verlag, Stuttgart

Köhler, G.: *Inkubation von Reptilieneiern.* Herpeton Verlag, Offenbach

Köhler, G., Grießhammer, K., Schuster, N.: *Bartagamen.* Herpeton Verlag, Offenbach

Sauer, K., Steck, B., Schuchart, H., Horn, H. G.: *Vivarienbeleuchtung.* Chimaira Verlag, Frankfurt

Wilms, T.: *Terrarieneinrichtung.* Natur und Tier Verlag, Münster

DIE FOTOS

Die Fotos auf der Umschlagvorder- und -rückseite sowie im Innenteil zeigen:
Umschlagvorderseite: *Pogona vitticeps*
Innenteil: *P. vitticeps* 6, 26, 86, 122; Jungtiere von *P. vitticeps:* 54, 76, 100; Farbbartagamen: 114
Poster: Farbbartagame
Vordere Klappe außen: *P. vitticeps*, Farbbartagame
Vordere Klappe innen (von oben li nach unten re): *P. henrylawsoni*, Farbbartagame, *P. vitticeps*, *P. vitticeps*, Farbbartagame, *P. henrylawsoni*, *P. henrylawsoni*
Hintere Klappe innen (von li nach re): Farbbartagame, *P. henrylawsoni*, *P. vitticeps*, *P. henrylawsoni*
Umschlagrückseite: junge *P. henrylawsoni*

DANK

Autor und Verlag danken Michaela und Friedhelm Steffen, Fressnapf Warburg; Mirko Nolte, Kassel, www.australian-reptiles.de; David Fischer, New South Wales, Australien; Frank Hose, Zoohaus Süd Kassel, www.zoohaus-ks.de; Thomas Clotten und Timo Kremer, Terra-Dom Koblenz, www.terra-dom.com; Nicole und Michael Guth, Hattingen, www.joeys-dreamdragons.de.vu.

Wichtige Hinweise

Krankheiten Einige Reptilienkrankheiten sind für Menschen ansteckend. Nach Kontakt mit den Tieren und Arbeiten am Terrarium Hände gründlich waschen.
Elektrogeräte Der Umgang mit elektrischen Geräten stellt immer ein Risiko dar. Alle Elektrogeräte müssen ein TÜV-Prüfzeichen besitzen. Tauschen Sie defekte Geräte umgehend aus.

Freude am Tier

GU Mein Heimtier – da steckt mehr drin

ISBN 978-3-8338-0449-6
144 Seiten, mit Poster

ISBN 978-3-8338-1937-7
144 Seiten, mit Poster

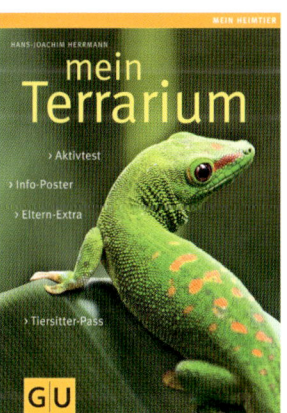

ISBN 978-3-8338-1522-5
144 Seiten, mit Poster

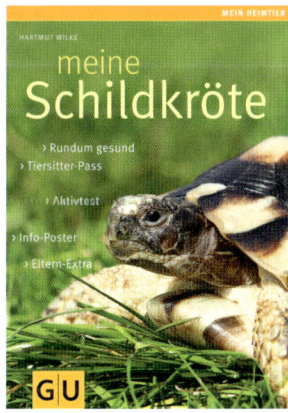

ISBN 978-3-8338-0596-7
144 Seiten, mit Poster

Änderungen und Irrtum vorbehalten.

Das macht sie so besonders:

Praxiswissen vom Experten – bestens informiert

Aktivtest Mein Heimtier – lernen Sie Ihr Tier verstehen

Info-Poster – liebevolle Gedächtnisstütze

Willkommen im Leben.

Der Autor und Fotograf

Manfred Au ist seit 30 Jahren Terrarianer. Anfang der 80er-Jahre züchtete er als einer der Ersten in Deutschland regelmäßig *Pogona vitticeps,* in den folgenden Jahren auch die Arten *P. henrylawsoni, P. barbata* und *P. mitchelli.* Auf zwei Reisen nach Australien lernte er die Bartagamen in ihrem natürlichen Lebensraum kennen. Schwerpunkte seiner züchterischen Tätigkeit waren australische Skinke, Anolis, Geckos, Warane, Chamäleons und Phelsumen, darüber hinaus auch Schildkröten und Dentrobaten. Manfred Au richtete sein Hauptaugenmerk dabei immer auf das Verhalten, die artgerechte Haltung und nicht zuletzt auf die optimale Nachzucht der Tiere. Heute gilt sein besonderes Interesse den australischen, neuseeländischen und neukaledonischen Geckos sowie der fotografischen Dokumentation ihres Verhaltens und ihrer Körpermerkmale.

Die Fotos in diesem Buch stammen von **Manfred Au**, mit Ausnahme von:
Academic Dictonaries: 13 Mitte, 14 Mitte
Arco Images: 14 unten
Fischer, D.: 6, 7, 8, 9-1, 9-2, 12, 13 oben, 14 oben, 16, 21
Kremer, K., Terra-Dom: 118-4, 119-5
Teigler, F.: Titelfoto

Projektleitung: Nadja Harzdorf, Anne-Kathrin Wahler
Bildredaktion: Daniela Laußer, Petra Ender (Cover)
Lektorat: Gerd Ludwig
Umschlaggestaltung und Layout: independent Medien-Design, Horst Moser, München
Satz: Christopher Hammond, München
Herstellung: Susanne Mühldorfer
Repro: Longo AG, Bozen
Druck und Bindung: Druckhaus Kaufmann, Lahr

Printed in Germany

ISBN 978-3-8338-2138-7

1. Auflage 2011

Syndication:
www.jalag-syndication.de

GRÄFE
UND
UNZER

Ein Unternehmen der
GANSKE VERLAGSGRUPPE

Unsere Garantie

Alle Informationen in diesem Ratgeber sind sorgfältig und gewissenhaft geprüft. Sollte dennoch einmal ein Fehler enthalten sein, schicken Sie uns das Buch mit dem entsprechenden Hinweis an unseren Leserservice zurück. Wir tauschen Ihnen den GU-Ratgeber gegen einen anderen zum gleichen oder ähnlichen Thema um.

Liebe Leserin und lieber Leser,

wir freuen uns, dass Sie sich für ein GU-Buch entschieden haben. Mit Ihrem Kauf setzen Sie auf die Qualität, Kompetenz und Aktualität unserer Ratgeber. Dafür sagen wir Danke! Wir wollen als führender Ratgeberverlag noch besser werden. Daher ist uns Ihre Meinung wichtig. Bitte senden Sie uns Ihre Anregungen, Ihre Kritik oder Ihr Lob zu unseren Büchern. Haben Sie Fragen oder benötigen Sie weiteren Rat zum Thema? Wir freuen uns auf Ihre Nachricht!

Wir sind für Sie da!
Montag–Donnerstag: 8.00–18.00 Uhr;
Freitag: 8.00–16.00 Uhr
Tel.: 0180-5 00 50 54* *(0,14 €/Min. aus
Fax: 0180-5 01 20 54* dem dt. Festnetz/ Mobilfunkpreise
E-Mail: maximal 0,42 €/Min.)
leserservice@graefe-und-unzer.de

P.S.: Wollen Sie noch mehr Aktuelles von GU wissen, dann abonnieren Sie doch unseren kostenlosen GU-Online-Newsletter und/oder unsere kostenlosen Kundenmagazine.

GRÄFE UND UNZER VERLAG
Leserservice
Postfach 86 03 13
81630 München